绿色城市
GREEN CITY

O2O

绿色建筑

政策、理论、标准及应用研究

洲联集团 编著

中国建筑工业出版社

图书在版编目（CIP）数据

绿色建筑 政策、理论、标准及应用研究/洲联集团
编著. — 北京：中国建筑工业出版社.
2017.5（绿色城市O2O）
ISBN 978-7-112-20669-8

Ⅰ. ①绿… Ⅱ. ①洲… Ⅲ. ①生态建筑-研究
Ⅳ. ①TU-023

中国版本图书馆CIP数据核字（2017）第077880号

责任编辑：马彦 费海玲 焦阳
责任校对：王宇枢 张颖

绿色城市O2O
绿色建筑 政策、理论、标准及应用研究
洲联集团 编著

＊

中国建筑工业出版社出版、发行（北京海淀三里河路9号）

各地新华书店、建筑书店经销

洲联集团五合视觉制版

北京方嘉彩色印刷有限责任公司

＊

开本：889×1194毫米 1／24 印张：6¼ 字数：290千字
2017年9月第一版 2017年9月第一次印刷

定价：45.00元
ISBN 978-7-112-20669-8
（30000）

编委会

序

城镇化需要由粗放投入向绿色创新转型，中国生活空间和环境的绿色转型是历史发展的必然结果。生活方式将被控制在最小的消耗之中，包括物质消耗、材料消耗、自然资源的消耗。绿色建筑之所以如此重要，不仅在于它是众所周知的"四节一环保"，还在于它对创新和思考力的高要求，对从过去扩张榨取环境资源到现在珍惜保护环境资源的高要求。

绿色建筑在德国有很长的传统和普遍的民众社会意识基础，不管是从技术层面的长久积累和创新，还是在国家规范、政策以及住宅的业主和租户方面，都有长久的积淀。绿色建筑在德国被称为永续建筑（Nachhaltige Gebaude），更本质地反映从简单的节约环保走向社会文化、经济功能、环境品质、技术创新和过程质量等五个方面的综合追求。在与德国的可持续建筑委员会（DGNB）关于德国永续建筑指南（LFNB）与德国永续建筑评价体系（DGNB/BNB）的多次讨论中，我发现其严密程度是世界各国绿色建筑评价体系中所少见，其建筑材料的碳排放计算跟踪到材料的采掘、

制造和运输过程。所有在中国有过建筑经验的同行都知道，我们在市场上购买的建材根本无法跟踪其原料采集、生产过程和交通运输的路径，这让我十几年来不敢在中国奢谈德国 DGNB 系统。

后来听说卢求先生所在的建筑事务所接过了在中国推广德国 DGNB 系统的代理，这些年来一直不知道他进行得怎么样。当卢求先生把《绿色建筑：政策、理论、标准及应用研究》和《绿色建筑：技术体系、开发策略及案例研究》两本书稿放到我面前的时候，我才知道卢求先生用了多大的精力向中国的同行推介德国永续建筑的系统。

在这两本关于绿色建筑的专著中，卢求先生集成了他多年从事规划设计、经营管理，参与建设部课题、标准编制工作、建筑节能理论研究工作中的成果，分享了在绿色节能建筑的政策、理论及标准研究、技术与应用研究和开发策略及案例研究三个方面的独到见地。书中所记录、分析的案例来自柏林、慕尼黑、莱比锡、法兰克福、汉堡、

科隆、弗莱堡、海德堡、斯图加特、罗斯托克、纽伦堡、维也纳等多个德国城市及德语国家城市，其中关于欧盟及德国碳排放交易实践对中国未来的启示、德国装配式建筑的经验借鉴与德国被动房超低能耗技术体系是整个行业关注的热点。

绿色建筑发展需要抓住两个方面：从中华文明的历史的建筑之中、城市居住的生活方式之中吸取到非常多的绿色建筑的智慧；另一方面则是吸收全世界先进的绿色建筑，也就是需求全球化的带动，这是绿色建筑创新发展必然的一个趋势。可能德国的永续建筑体系真的不能在中国简单地推行，但至少我们可以在这本书里看到德国人在永续建筑上是如何做的，至少让我们看到了原装的德国永续建筑的最佳案例，至少在创建中国自己的绿色建筑体系过程中可以参考德国的体系。我们的行业扎根于中国的工业化发展阶段和我们的

民族文化传统，通过参照德国永续建筑体系，可以创建出更好地适应于中国国情的绿色建筑体系。

吴志强
同济大学副校长，上海世博会园区总规划师
2016 年初夏 于同济园

前言一

绿色城市 O2O

文：刘力 \ 洲联集团

人类社会进入信息时代，生产方式、生活方式甚至社会结构都因移动互联技术的进步而颠覆。

城市注定因生产方式与消费方式的变化而改变。信息技术进步使得生产地、研发地、原料产地、消费市场、总部可以完全分开，因而改变了城市的结构，推动世界级城市区域（Global City Region）的形成。

城市生态同样需要重新调整，绿色城市是全球人居事业追求的新方向。城市功能更加有机综合，城市空间更加多中心组团化，城市环境更重视生态低碳。对绿色城市提供最强信息技术支持的是互联网，对绿色城市生产和生活方式提供创新模式的就是 O2O。

新型城镇化的大潮下，人口毫无悬念地向大城市及周边地区聚集。城市用地规模的增长并不是传统意义上的摊大饼，而新的不动产将不是传统物业的简单复制。由于信息汇总与交互方式的革命，城市建设的决策与生产方式正在发生重大改变。

首先，大数据改变了对需求的判断与应对。投资决策、项目定位、业态与服务的选择都离不开对大数据的掌握。从微观的项目筹划到宏观的城市规划都正在进入大数据时代，而 O2O 正是大数据生成的重要基础来源。O2O 基础上形成的大数据质量、及时性和准确性将极大优化，从而提高决策的速度和精度，使得产品和服务的大规模定制成为现实。

其次，线上公众舆论与公关活动决定了线下的市场规模与商业物业价值。无论是文化时尚价值、品牌口碑价值、线上服务交易价值，都由线上虚拟社会的公众互动决定。实体店的消费活动不过是线上文化与消费活动的延伸，实体店越来越多承载文化社交的功能，以体验性来兑现其传统零售商业价值。脱离线上决策与商务互动的不动产开发时代彻底终结。

再次，不动产的价值都离不开后期运营服务的支持，无论是酒店办公与商业类的运营、健康养老类的监控护理、社区生活便利服务配套，还是物流路线规划和仓储管理，都直接依赖线上服务与大数据资源的占有。O2O 服务的实现也使得产权共享、项目服务连锁、跨城市跨区域跨国界的分时度假居住得以实现。

更值得关注的，掌握线上服务的电商已经成为市值最高的产业，并且华丽转身成为投资线下不动产的新势力。无论电商向下游物流实体店的扩张，还是开发商向上游线上服务的延伸，O2O 注定成为不动产行业的标配，更引发不动产行业生产方式与产品形态的变化。

O2O 不只是交易与服务的方式的进化，更成为决定不动产价值的一个全新维度。对于城市，人居品质的提升也取决于 O2O 作为催化剂，对空间环境与服务环境的重新塑造。毕竟，O2O 中的虚拟决策技术将减少社会实践的盲目性，降低实体物质的浪费和无谓的能源消耗。从这一意义而言，人们期待的绿色城市、智慧城市时代，随着不动产开发与运营层面 O2O 的实现，才会真正到来。

正如钢材水泥的出现改变了建筑形态，汽车的出现改变了城市形态，O2O 的出现注定改变城市区域形态。所谓"互联网思维"，改变的不仅是不动产形态、决策与生产方式、整个投资开发大行业的格局，而是彻底改善我们的生存环境。

毫无疑问，当今时代是一个产业革命和结构调整的大时代，新能源和互联网已然成为两大重要支点。它们对传统产业的重塑和再造，在大幅提高经济效益的同时，也极大地降低能源消耗。因此，在这个大时代，对城市与不动产的研究，不可能忽视 O2O 这一产业革命与城市革命新动力。

洲联集团作为绿色城市全产业链服务机构，以敏锐的观察提出 O2O 是整合城市、金融、不动产的关键。这套"绿色城市 O2O 系列"丛书，好比一把智慧钥匙，开启展望中国城市未来的窗口。

前言二

人类对于绿色建筑与城市可持续性发展的认识是一个循序渐进、不断完善的过程。绿色建筑早期注重技术的应用、简单的评价体系，今天已拓展到整个城市建设和人类生活的各个环节。新近公布的上海市城市总体规划和即将公布的北京市城市总体规划都将绿色可持续发展确定为城市发展的重要目标。

最初接触绿色建筑、可持续发展的理念是 20 世纪 80 年代末，之后在德国多年的生活和工作中，感受到可持续发展的理念在德国社会的不断发展进步。经济利益的追求与绿色环保的实践在欧洲也充满着矛盾和冲突。从早期绿党的抗争、民众的参与，到法律法规的建立完善，一切都是一个循序渐进的过程。

德国是一个组织管理严密精细的国家，几十年以前就开始推广实施建筑节能与环保，今天绿色可持续发展的理念已成为全社会的共识并且融入到人们的日常生活之中。德国很早就实行了严格的垃圾分类制度，除了塑料、纸张、金属等可回收材料须分类投放之外，各种盛放果汁、酒类不同颜色的玻璃瓶子都严格规定在一星期之中哪些时段可以投放到指定的、具有降噪措施的封闭金属容器里，否则可能面临不菲的罚款。

记得 20 多年前我孩子在德国上学的第一天，带回老师发的一份清单，其中要求购买不带色漆的木杆铅笔，因为生产加工铅笔杆上漂亮的色漆会污染环境。绿色环保理念是从对孩子们的潜移默化开始，从身边点点滴滴小事做起。而今天我们国内商店里还在大量出售具有精美色漆的文具，更不用说逢年过节各种色彩艳丽、过度包装的豪华礼品。应对中国日益严重的环境问题，需要全社会以及每位公民的共同努力。

回国之后，在从事建筑设计与公司管理工作的同时，我还参与了绿色建筑相关工作。这部分工作主要包含两部分内容，一部分是工程实践，另一部分是理论研究，本书是第二部分工作的部分成果。经过多年在绿色建筑领域的研发与实践，洲联集团 - 五合国际设计完成一大批有影响力的绿色工程项目，参与许多绿色建筑相关标准的编制和课题研究工作，并与同德国绿色可持续建筑委员会签约合作，成功地将德国可持续建筑标准 DGNB 介绍到中国，为促进中德绿色建筑领域的合作交流做出了有益的贡献。有关 DGNB 标准内容本书也有介绍。

研究绿色建筑、可持续发展的理论与实践，某种意义上如同探索一座巍峨雄伟、植被茂盛的山脉。研究工作像是进入未知的山中，探索其中精彩的部分，写成游记，供后来人汲取所需，少走弯路，设计自己的登山路径。希望本书能够为对绿色建筑、可持续发展建筑感兴趣的人士，带来探索发现的乐趣。

卢求

德国可持续建筑委员会（DGNB）国际部董事

洲联集团 - 五合国际副总经理

作者与德国可持续建筑委员会首届主席索贝克教授在合作签约仪式上合影

广东英德广晟生态城

目录

建筑碳排放交易任重道远
——从欧盟及德国碳排放交易实践看中国未来发展[①]

文：德国可持续建筑委员会（DGNB）国际部董事
5+1 洲联集团·五合国际 副总经理 卢求

1. 欧盟的碳排放交易制度

温室气体的排放主要来自工业、交通和建筑领域燃烧一次性不可再生能源（石油、天然气、煤炭等），温室气体包括二氧化碳 (CO_2)，甲烷 (CH_4)，氧化亚氮 (N_2O)，氢氟碳化物 (HFCS)，全氟化碳 (PFCS) 和六氟化硫 (SF_6) 等化学物质。人类活动造成温室气体排放大幅度增加，被认为是造成气候变化、环境污染的主要原因。欧盟较早发起并建立碳排放交易相关机制，设立此项制度的目的在于减少温室气体排放以及保护地球环境。德国是欧盟重要成员国之一，参与欧盟碳排放交易制度的建立并受其制定法规的约束。

1997 年 12 月，《联合国气候变化框架公约》第三次缔约方大会在日本京都召开，会议通过了《京都议定书》。按照《京都议定书》的要求，欧盟国家在 2008~2012 年之间温室气体年平均排放量（第一个量化承诺期），相比 1990 年的基准排放量须减少 8％。为促进减少温室气体的排放，

2003 年欧盟决定施行温室气体排放交易制度，同年 10 月份，欧盟发布了《欧盟排放交易指令》。根据指令，欧洲委员会制定了"欧盟排放交易计划"并首次设定了 CO_2 的排放交易配额。

碳排放交易制度之所以能够降低碳排放量，其基本原理与机制大体如下：主管机构调查统计负责范围内大型耗能设备数量，确定达到一定能耗（碳排放量）水平的既有和新投产的设备必须获得排放指标才能投入使用（进入这一监管清单内的设备总排放量目前接近德国碳排放总量的一半），而每台设备每年允许的碳放量上限不断降低。设备实际排放量如果超标，需要交纳罚款，如果低于允许排放量，多余的碳排放量指标可以在指定交易所进行交易，获得经济收益。这一机制促进企业进行设备减排技术升级改造，或购买减排指标（支付资金，支持其他地方减排达到同等减排量）。

①：本文首次发表于《低碳世界》杂志 2013 年第四期，2016 年 3 月对文章内容进行了更新补充。

随着 2005 年《欧盟排放交易指令》的实施，欧盟国家达到一定排放量的工业设备必须获得认证批准的排放指标后才能投入使用，而此类工业设备包括：

产热总量超过 20MW 的设备（不含危险或市政垃圾焚烧）

石油化工设备

焦炭生产设备

钢铁生产厂

铸造厂（产量超过 2.5t/h）

金属制造加工设备，额定热输入超过 20MW。

生产原铝及额定热输入超过 20MW 的再生铝生产设备

水泥熟料生产能力超过 500t/d 的设备

生产玻璃，包括玻璃纤维的熔化能力超过 20t/d 的设备

陶瓷制品的制造，屋面瓦片、砖，生产能力 75t/d 的设备

生产矿棉保温材料的熔化能力超过 20t/d 的设备

造纸厂产量超过 20t/d 的设备

化工厂设备总额定超过 20MW 的设备

生产硝酸、氨、乙二醛和乙醛酸的制备 100t/d 的设备

欧盟境内起飞降落的航空飞行器（不含军用、救援、科学研究、起飞重量小于 5700kg 等）

欧盟排放交易体系 (European Union Emission Trading Scheme, EU ETS) 是欧盟气候政策的中心组成部分，从 2005 年开始实施。它以限额交易为基础，是世界上首个多国参与的排放交易体系。EU ETS 目前已覆盖全球 30 个国家，涉及能源和工业行业约 11000 个排放设施。这些设施排放的温室气体量约占欧盟 CO_2 排放总量的一半、温室气体排放总量的 40%，欧盟排放交易体系的成交额一直占到全球碳市场的 3/4 左右，2010 年的成交额达到 1198 亿美元。

2. 德国工业领域的碳排放交易制度

1990 年德国温室气体排放基准值为 12.325 亿吨 CO_2 当量。京都议定书要求德国在 2008~2012 年间温室气体的排放量目标相比 1990 年的排放量降低 21%，即年二氧化碳排放总额为 9.736 亿吨 CO_2 当量。

为了完成京都协议规定的减排目标，推进降低温室气体排放量制度的执行，德国自 2004 年开始在工业领域中实行碳排放交易制度。同年 7 月，德国颁布了《温室气体排放交易法》，9 月首次颁布《排放分配条例 2004》。2005 年正式实施排放权制度。

为实行碳排放交易制度，德国从 2002 年开始对国内所有企业的机器设备的温室气体排放量进行调查研究，并根据调查结果最终确立了排放标准。标准规定电站和高能耗行业的设备均强制参

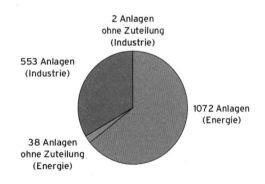

图 1 2008~2012 年度，德国能源与工业领域获得排放指标的设备比例。其中 1072 项为能源领域，553 项为工业领域

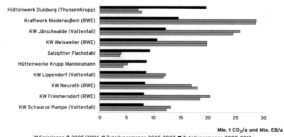

图 2 德 国 10 家 最 大 温 室 气 体 排 放 机 构 的 名 称 及 其 2005/2006 年 度 排 放 量， 以 及 2005~2007 年 和 2008~2012 年度获得的排放额度。

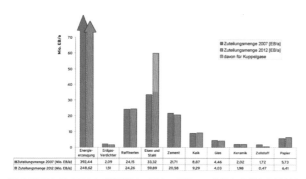

图 3 2007 年及 2012 年德国能源、钢铁、水泥、石化等行业获得的排放额度

与排放控制和交易，即功率在 20MW 以上的设备，都必须实行排放最高限额限制并参与排放交易。2002 年，这部分设备的总排放规模为 4.5186 亿吨，占全部排放量的 46.41%，而不在排放交易范围内的排放总额为 5.2174 亿 t，占 53.59%。2005~2007 年间，德国环境保护局为 1850 台设备免费发放了 4.9900 亿 t 的 CO_2 排放额度。

2008~2012 年又为 1650 台机器设备发放 4.5200 亿 t 温室气体排放指标。其中 37907 万 t 配给现有设备，4000 万 t 指标用于拍卖，2300 万 t 备

用以及 979 万 t 用于满足新增企业的排放需求。

2008~2012 年温室气体的排放量与 2006~2007 年 间 相 比 减 少 了 9.44%，约 为 4714 万 t。2008~2012 年的法案强调了工业设备和年排放二氧化碳低于 25000 t 的用能设备，依据其前期历史平均排放水平，每年只需降低 1.25% 的减排额度，其余 98.75% 即为免费发放。使用褐煤发电的设备平均只获得 50% 的免费额度，而使用现代无烟煤发电设备则得到 82% 的免费额度。

减排未完成也没有购买排放指标的企业将面临罚款，处罚标准为 100Euro/t。

企业也可在莱比锡能源交易所以拍卖的形式购得排放权证。排放交易指标账户当年结清，下年将另行核准。

3. 德国建筑领域节能减排与碳交易的发展趋势

3.1 德国建筑领域节能减排相关的政策法规

2007 年 10 月，德国政府通过了"能源与环境整合保护计划"(IEKP)，并宣布截至 2020 年，德国温室气体排放量目标相比 1990 年将减少 40%。在这一计划中，建筑领域节能减排的控制将是德国达到整体减排目标的一个重要环节。其中与建筑领域相关的节能减排将采取多种措施以实现目标，这包括：

修订"可再生能源法"(EEG)
生物质能发电可持续发展条例 (BioSt-NachV)
可再生能源供暖法（EEWaermeG）
修订的能源法（EnWG）
修订节能条例（EnEV）2009 年节能建筑标准提高 30%

保护计划预计到 2020 年，高效率的热电联产电力生产的比例从 2007 年的 12% 增加一倍，达到 25%，可再生能源发电的比例将提高到 30% 以上，可再生能源采暖的比例会达到 14% 以上以及对既有建筑节能改造项目提供资助，包括 KFW 每年 14 亿欧元低息贷款。

2011 版《可再生能源供暖法》制定了宏观发展目标。法案规定，到 2020 年，可再生能源将占建筑终端采暖制冷能耗总量的 14%，其中

政府及公共机构建筑（包括海外德国政府及公共机构）将会率先实施，起到示范作用。新建筑中将强制使用可再生能源。各州政府可以根据各州情况要求在既有建筑中也强制使用可再生能源。此外，法律还根据可再生能源满足建筑采暖需求总量的最低比例做出如下要求：

1. 应用太阳能技术达到 15% 或
2. 应用沼气（和热电联产）达到 30% 或
3. 应用固体或液体生物燃料 达到 50% 或
4. 应用地热和环境热达到 50% 或

采用替代措施，应用热电联产余热达到 50% 或达到低于节能条例规定的能耗限值 15%。并根据执行情况制定了相应的奖励和惩罚措施。

此外德国《2014 版节能条例》对建筑节能提出更高的要求。 核心工作是在经济可承受的范围内，提高建筑整体的节能要求，降低相应的碳排放，其主要内容如下：

对新建建筑要求：
在 2009 版节能条例的基础上，提高建筑节能要求。从 2014 年 5 月起进一步降低建筑一次性能源消耗量 12.5%，以及从 2016 年起再降低 12.5%(总共降低建筑一次性能源消耗量 25%)。

进一步提高新建建筑外维护结构综合传热系数要求 10%，以及从 2016 年起降低 20%。

细化建筑夏季遮阳、隔热要求。引入建筑最高允许太阳能得热值要求（Sonneneintragskennwertes）， 要求根据 2013-02 版德国工业标准 DIN4108-2，第 8 章进行相关计算证明。

计算建筑一次性能源消耗量时，电能中不可再生一次性能源系数取值降低为 2.0，以及从 2016 年起降低为 1.6。

对于满足一定前提条件、不制冷的住宅建筑，引入简化版参照建筑计算法（ENEV easy）作为验证其能耗水平达标的备选方法。

虽然德国建筑领域目前属于非碳排放交易领域（Nicht-Emissionshandelssektor），德国境内及与欧盟境内也尚未正式开始进行建筑碳排放交易，但德国早已开始从不同层面为建筑碳排放交易进行研究准备工作，包括：

1. 建筑碳排放量确定的研究；
2. 建筑能源证书的大面积推广，房屋买卖出租的必要文件；
3. 交易相关法律框架研究；
4. 交易市场潜力及经济可行性研究。

3.2 建筑碳排放量的计算

德国 DGNB(可持续建筑认证标准) 体系，对建筑的碳排放量提出完整明确的定义，在此基础之上提出碳排放度量指标 (Common Carbon Metrics) 计算方法。DGNB 规定的建筑碳排放量单位是每平方米建筑面积每年排放二氧化碳当量的公斤数 (kg CO_2 - Equivalent / $m^2 \cdot a$)。

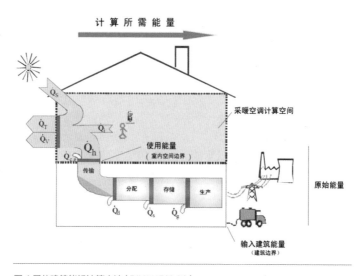

图 4 居住建筑能耗计算方法（DIN V4701-10）

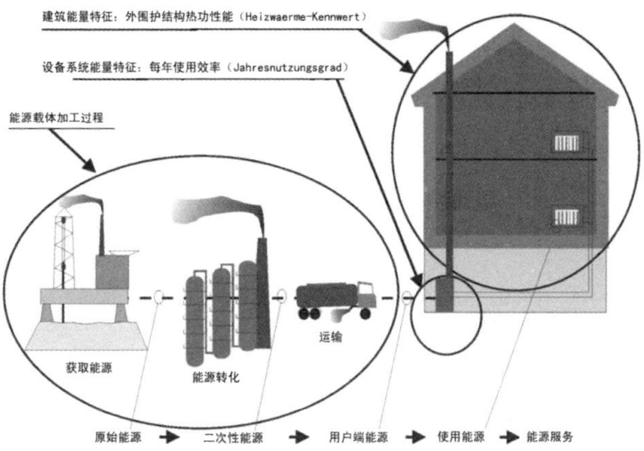

建筑能量特征：外围护结构热功性能（Heizwaerme-Kennwert）

设备系统能量特征：每年使用效率（Jahresnutzungsgrad）

能源载体加工过程

获取能源　能源转化　运输

原始能源　二次性能源　用户端能源　使用能源　能源服务

图 5 能源生产与加工链

DGNB 体系对建筑物碳排放量提出了系统并可操作的计算方法。建筑全寿命周期主要包括建筑的材料生产与建造、使用、维护与更新、拆除和重新利用这四大方面，建筑物碳排放则表现在建筑全寿命周期中上述四大方面对于一次性能源消耗时产生的二氧化碳气体排放。建筑物的碳排放的四大方面分别为：

1. 材料生产与建造；

2. 使用期间能耗；

3. 维护与更新；

4. 拆除和重新利用。

3.3 建筑使用期间能耗与碳排放量的计算

使用期间能耗主要包含建筑采暖、制冷、通风、照明等维持建筑正常使用功能的能耗。对于建筑使用部分的碳排放量计算，要根据建筑在使用过程中的能耗，区分不同能源种类（石油、煤、电、天然气及可再生能源等），计算其一次性不可再生能源消耗量，然后折算出相应的二氧化碳排放量。使用期间能耗的计算重视对能源使用部分的追踪，强调节约使用过程中一次性使用能源的消耗，包括提高采暖和电源部分可再生能源比例，而并不是盲目追求在城市建筑上光伏发电、风力发电等的推广，因为这些技术的应用受到许多限制，最终节能减排效果有限。

采暖所需热能 $Q_h = Q_T + Q_v - \eta(Q_i + Q_s)$

一次性能源需求量 $Q_p = (Q_h + Q_w)_{xep}$

不同能源一次性能效转化系数（DIN V4701-10）

能源载体		一次性能源能效系数
燃料 （选用：最低热值 Hu）	燃油 EL	1.1
	天然气 H	1.1
	液化气	1.1
	煤	1.1
	褐煤	1.2
	锯末条	0.2
产生集中的供暖热电联产（一般值）	化石燃料（煤、油、天然气）	0.7
	可再生燃料	0.0
集中供热采暖锅炉	化石燃料	1.3
	可再生燃料	0.1
电能	电能热采暖	3.0（作者注：由于德国大力提升可再生源发电比例，2016 年起电能中不可再生一次性能源系数降低至 1.6）

表中可以看出，不同的能源种类，能效转化系数是不同的。同样单位面积能耗指标的建筑，由于采用不同的能源种类，一次性能源消耗量大不相同。电能属高位电能，用来采暖不经济。

建筑使用期间碳排放量可以根据以下公式计算：

$$CA = EAC \times KC + EAG \times KG + EAE \times KE$$

其中：

CA：单位建筑面积能耗碳排放量，单位：$kgCO_2$-Equivalent /$m^2 \cdot a$

EAC x KC：单位面积全年燃煤消耗量 x 燃煤二氧化碳排放因子

EAG x KG：单位面积全年天然气消耗量 x 燃气二氧化碳排放因子

EAE x KE：单位面积全年电消耗量 x 电网发电二氧化碳排放因子

单位是"$kgCO^2$- Equivalent /$m^2 \cdot a$"，即每平方米建筑面积每年排放的二氧化碳当量的公斤数。

图 6 莱比锡高层住宅节能改造项目 1

图7 莱比锡高层住宅节能改造项目2

4. 德国既有建筑节能改造案例与碳排放量计算

4.1 莱比锡高层住宅节能改造项目

该项目位于莱比锡 Hans-Marchwitz-Str.14-20。最初建设时间为 1973 年，总居住面积达 10326m²(167 户)，楼层数为 11 层。整体改建工程对单调死板的原有建筑进行了成功的改造，不仅增加了阳台和部分立面凸凹变化，而且形成了屋顶花园，改造后的建筑整体形象更是焕然一新。改造前的房屋空置率高达到 40%，改造后不仅租金提高，而且达到 100% 的出租率。

改造细节：

1. 建筑节能措施，包括：

保温材料厚度：外墙 10cm，屋顶 12cm，地下室楼板 8cm；

外窗：双层中空镀膜玻璃 Uw=1.4W/m²·K；

2. 通风装置：新更换的外窗上安装有可控进风装置，设置集中排风装置；

采暖：城市中央供暖，热电联产比例为 96%；

3. 热水系统：太阳能辅助热水系统，阳台栏板式集热装置；

4. 节能效果：改造前能耗为 184kWh/m²·a 改造后能耗为 44kWh/m²·a（能耗降低 76%）外维护结构导热系数：0.56 W/m²·K；

5. 每年减少二氧化碳排放量：30kg/m²，即整栋大楼每年减少二氧化碳排放量约 310 t。

4.2 黑森林既有住宅节能改造碳排放交易试点项目（EmSAG）

项目时间：2006~2012 年，德国联邦环境基金会（DBU）支持

项目规模：共有 197 栋住宅建筑参与该项目

基本原理：通过需求量法计算建筑改造前和改造后一次能源消耗量的差别，进而计算出温室气体

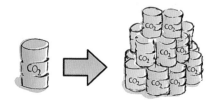

图 8 黑森林既有住宅节能改造碳排放交易试点项目

减排量。平均每栋建筑改造后每年减少 12.8 吨 CO_2，项目总 CO_2 减少量可达 2500 吨以上。

操作模式：建立群体，扩大规模以达到可交易基数。在莱比锡能源交易所 EEX 最低 CO_2 交易单位为 50000 t。目前该项目虽已获得德国排放交易委员会（DEHST）和联邦环境局（UBA）立项批准，但在实际推进过程中还是遇到较大技术问题和阻力。

综上所述，德国建筑领域主要通过政策引导、法规控制和低息贷款等经济资助措施达到节能减排目标。虽然为建筑碳排放交易在不同领域进行研究准备，但在可见的未来实施大规模建筑碳排放交易制度的可能性不大。

5. 中国建筑碳排放交易的思考与展望

5.1 建筑碳排放交易实施技术难度大

建筑碳排放与工业碳排放有很大不同，主要表现在三方面：一是工业设备的减碳量可以准确计算和测量，二是工业设备单体碳排放量大，三是工业设备产权人、使用者明确。建筑领域恰恰相反，建筑的减碳量很难准确计算；建筑单体的碳排放量相对很小；一栋建筑可能有很多不同的产权人

和使用者，减碳交易的责任人和受益人关系复杂。这三方面的因素导致建筑碳排放交易实施的技术难度很大。

5.2 建筑碳排放交易达到社会公平性和经济合理性难度大

目前，多数建筑碳排放量的计算方法仅考虑运行阶段排放。确定不同建筑类型在不同气候条件下碳排放量基准线的难度相当大。一栋建筑的能耗、碳排放量不是固定的，它同建筑使用操作模式有很大的关系。理论计算及模拟数值同实际数值也有较大的差距（常常超过 30%）。如何设定建筑物碳排放量的基准线成为碳排量交易的核心问题，有了它才能计算建筑物的减排量。建筑碳排放量的本质是建筑的能耗，实际对应的是舒适度水平和节能技术的水平。提高建筑舒适度意味增加碳排放量或增加投资采用较好的技术体系以达到提高舒适度而维持较低的碳排放量。

如果广泛实行建筑碳排放交易，将影响到庞大的社会群体利益，达标好的可获得经济利益，达标差的将受到惩罚。如前所述，客观准确的建筑碳排放量基准值的设定相当困难，没有合理的基准值也就无法计算建筑减碳量，在没有准确可核查

的减碳量计算的前提下推广建筑碳排放交易，难以达到公平透明，势必引起社会群体利益冲突。

除此之外，建筑碳排放交易规则设定须谨慎，须强调市场机制的公平性。如在德国不允许接受绿色建筑、节能资助的项目参加交易，而我国大量新建建筑都在努力争取获得绿色建筑认证并将获得不同程度的资助，这些建筑能否参加碳排放交易值得研究。另一方面，由于欧盟及德国工业领域节能减排的持续进行以及配额指标发放过多，导致碳排放权证价格一路走低，碳价格从每吨30多欧元，下降到每吨2~3欧元，整个交易市场疲软，从而建筑碳排放参与交易缺少经济上的吸引力。

5.3 中国建筑碳排放交易制度任重道远

2013年6月18日，中国首个碳排放权交易平台在深圳启动，标志着中国碳市场建设迈出了关键性一步。此后，北京、天津、上海、广东、湖北、重庆等7个省市先后启动了碳排放权交易试点。该试点项目进展顺利，不仅全部实现了上线交易，而且交易价格也比较稳定。《中国应对气候变化的政策与行动2015年度报告》显示，截至2015年8月底，7个试点累计交易地方配额约4024万t，成交额约12亿元；累计拍卖配额约1664万t，成交额约8亿元。试点地区2014年和2015年履约率分别达到96%和98%以上。

2015年9月,中美两国发表《气候变化联合声明》,中国承诺到2017年启动全国碳排放交易体系。

中国正在加紧相关立法工作。2014年12月发改委发布了《碳排放权交易管理暂行办法》。

2014年3月深圳市颁布了《深圳市碳排放权交易管理暂行办法》，这是一部较为细致、操作性较强的法规。其中有关建筑碳排放交易方面规定建筑面积超过10000m^{2}的国家机关办公建筑率先纳入碳排放配额管理。

建筑碳排放交易目的是为了通过市场经济手段，达到减少排放的目的。建筑减排可以通过多种方法，从目前来看建筑碳排放交易并不是必须的和最好的方法。因而需要慎重权衡政策法规、资助鼓励、碳税和碳交易等多种方式对建筑减排的效果和综合效益。如果开始建筑碳排放交易探索，试点工作应该集中在大型城市的大型公共建筑中进行，前期需要进行大量的基础数据收集整理工作。居住建筑近期和中期内不适合进行碳排放交易配额管理。

参考文献：

[1]《碳排放交易报告：在第三个交易期(2013-2020年)缩减碳排放证书的有关数据和争论》，德国工商企业协会
[2]《综合能源和气候保护计划(IEKP)》，德国政府文件
[3]《温室气体排放权交易法》，德国政府法律
[4]《2008-2012期间温室气体排放权分配条例》，德国政府法律条例
[5]《2013-2020期间温室气体排放权分配条例》，德国政府法律条例
[6]《2012年（温室气体排放权）分配制度初步结果》，德国环境部
[7]《研究报告：瑞士2012年之后碳排放交易计划对经济的影响》，First Climate (Schweiz) AG 为瑞士政府提供的研究报告。
[8]《建筑节能改造碳排放权审批程序》，Alexander Prinz，德国环境基金会资助项目
[9]《引入碳排放交易权证、可持续性地减少既有居住建筑排放的方案》，Lamia Messari-Becker

德国装配式建筑发展情况与经验借鉴①

文：德国可持续建筑委员会（DGNB）国际部董事
　　5+1 洲联集团·五合国际 副总经理 卢求

1. 德国装配式建筑发展概况

1.1 德国装配式建筑的起源

德国以及其他欧洲发达国家建筑工业化起源于 20 世纪 20 年代，推动因素主要有两方面：

社会经济因素：城市化发展需要以较低的造价、迅速建设大量住宅、办公和厂房等建筑。

建筑审美因素：建筑及设计界摒弃古典建筑形式及其复杂的装饰，崇尚极简的新型建筑美学，尝试新建筑材料（混凝土、钢材、玻璃）的表现力。在《雅典宪章》所推崇的城市功能分区思想指导下，建设大规模居住区，促进了建筑工业化的应用。

在 20 世纪 20 年代以前，欧洲建筑通常呈现为传统建筑形式，套用不同历史时期形成的建筑样式，此类建筑的特点是大量应用装饰构件，需要大量人工劳动和手工艺匠人的高水平技术。随着欧洲国家迈入工业化和城市化进程，农村人口大量流向城市，需要在较短时间内建造大量住宅办公和厂房等建筑。标准化、预制混凝土大板建造技术能够缩短建造时间、降低造价因而首先应运而生。

德国最早的预制混凝土板式建筑是 1926~1930 年间在柏林利希藤伯格 - 弗里德希菲尔德（Berlin-Lichtenberg, Friedrichsfelde）建造的战争伤残军人住宅区。该项目共有 138 套住宅，为两到三层楼建筑。如今该项目的名称是施普朗曼（Splanemann）居住区。该项目采用现场预制混凝土多层复合板材构件，构件最大重量达到 7 吨。

图 1 德国最早的预制混凝土建筑——柏林施普朗曼居住小区

①：本文是作者 2016 年参加住建部"装配式建筑制度、政策、国内外发展"课题研究，负责完成工作的成果

1.2 第二次世界大战后德国大规模装配式住宅建设

第二次世界大战结束以后，由于战争破坏和大量战争难民回归本土，德国住宅严重紧缺。德国用预制混凝土大板技术建造了大量住宅建筑。这些大板建筑为解决当年住宅紧缺问题作出了贡献，但今天这些大板建筑不再受欢迎。不少缺少维护更新的大板居住区已成为社会底层人群聚集地，导致犯罪率高等社会问题，深受人们的诟病，成为城市更新首先要改造的对象，有些地区已经开始大面积拆除这些大板建筑。

1.3 德国目前装配式建筑发展概况

预制混凝土大板技术相比常规现浇加砌体建造方式，造价高，建筑缺少个性，难以满足今天的社会审美要求，1990 年以后基本不再使用。混凝土叠合墙板技术发展较快，应用较多。

德国今天的公共建筑、商业建筑、集合住宅项目大都因地制宜、根据项目特点，选择现浇与预制构件混合建造体系或钢混结构体系建设实施，并不追求高比例装配率，而是通过策划、设计、施工各个环节的精细化优化过程，寻求项目的个性化、经济性、功能性和生态环保性能的综合平衡。随着工业化进程的不断发展，BIM 技术的应用，建筑业工业化水平不断提升，建筑上采用工厂预制、现场安装的建筑部品愈来愈多，占比愈来愈大。

各种建筑技术、建筑工具的精细化不断发展进步。小范围有钢结构、混凝土结构、木结构装配式技术体系的研发和实践应用。

小住宅建设方面装配式建筑占比最高，2015 年达到 16%。2015 年 1~7 月德国共有 59752 套独栋或双拼式住宅通过审批开工建设，其中预制装配

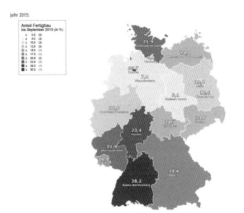

图 2 德国各州 2015 年预制装配式小住宅（独栋和双拼）在新建建筑中所占比例，总体平均达到 16% 左右

式建筑为 8934 套。这一期间独栋或双拼式住宅新开工建设总量较去年同期增长 1.8%；而其中预制装配式住宅同比增长 7.5%。显示出在这一领域装配式建筑受到市场的认可和欢迎。

单层工业厂房采用预制钢结构或预制混凝土结构在造价和缩短施工周期方面有明显优势，因而一直得到较多应用。

2. 德国装配式建筑的政策措施、发展建设研究

德国预制装配式建筑发展过程中，规模最大、最有影响力当属预制混凝土大板建筑。

2.1 原东德地区的预制混凝土大板建造技术的应用

由于战后需要在短期内建设大量住宅，东德地区 1953 年在柏林约翰尼斯塔（Johannisthal）进行了预制混凝土大板建造技术的第一次尝试。1957 年在浩耶斯韦达市（Hoyerswerda）的建设中第一次大规模采用预制混凝土构件施工。此

图 3 哈勒新城 大板住宅

图 4 哈勒新城大板住宅，左侧是改造更新后的建筑

图 5 哈勒新城 大板住宅

图 6 柏林 亚历山大广场 大板住宅

后，东德用预制混凝土大板技术，大量建造预制板式居住区（Plattenbausiedlungen）。预制混凝土大板住宅的建筑风格深受包豪斯理论影响。

1972~1990 年东德地区开展大规模住宅建设，并将完成 300 万套住宅确定为重要政治目标，预制混凝土大板技术体系成为最重要的建造方式。这期间用混凝土大板建筑建造了大量大规模住区、城区，如 10 万人口规模的哈勒新城（Halle-Neustadt）。在 1972~1990 年大规模住宅建设期间，东德地区新建、改建共 300 万套住宅，其中 180~190 万套用混凝土大板建造，占比达到60% 以上，如果每套建筑按平均 60m² 计算，预制大板住宅面积在 1.1 亿 m² 以上。东柏林地区 1963~1990 年间共新建住宅 273000 套住宅，其中大板式住宅占比达到 93%（数据来源：«Die Lösung der Wohnungsfrage» 作者 Dieter Hanauske）。

住宅建设工程耗费了东德大量财政收入。为节约建造成本和快速建设，设计开发出不同系列产品，如 Q3A、QX、QP、P2 系列。预制混凝土大板住宅项目大量重复使用同样户型、类似的立面设计。大板建筑规划形态僵硬缺少变化，在老城区通常采用推倒重建模式，破坏了原有城市肌理。

虽然大板建筑今天饱受诟病，但在当时大板住宅符合东德的社会意识形态，人人平等，整齐划一。

图 7 柏林住宅 整体单元吊装施工

图 8 德累斯顿大板住宅

图 9 东德预制装配式建筑构件

图 10 1973 年在新布兰登堡 伊斯特城，原东德地区首个应用 WBS 70 预制大板体系建造的项目

预制混凝土大板技术建造的工业化住宅，功能基本合理，拥有现代化的采暖和生活热水系统，独立卫生间，比没有更新改造的 20 世纪初期建造的老住宅舒适。由于得到东德政府的大量财政补贴，因而这种工业化住宅租金并不很高，受到当地居民的欢迎。大量新建居住区，导致原有历史街区中的住宅吸引力下降，出租率低，租金无法支持建筑的维护，历史街区中的建筑逐渐破败。这种现象也导致政策制定者重新思考补贴政策，甚至开始尝试用预制技术进行老城历史建筑的改造更新。

20 世纪 80 年代以后，东德政府开始在一些城市的重要地区，尝试从规划和城市空间塑造方面，借鉴传统城市空间布局与建筑设计，打破单调的大板建筑风格。

2.2 原西德地区的预制混凝土大板建造应用

第二次世界大战之后，原西德地区也用混凝土预制大板技术建造了大量住宅建筑，主要用于建设社会保障性住宅。1957 年西德政府通过了《第二部住宅建设法》(II.WoBauG)，将短期内建设满足大部分社会阶层居民需求的、包括具有适当面积、设施、可承受租金的住宅，作为住宅建设的首要任务。混凝土预制大板技术以其建设速度快、造价相对低廉因而也在西德地区有大面积应用。

图 11 柏林市中心根达曼市场（Gendarmenmarkt），用复杂的预制大板技术建造具有传统风格的建筑

图 12 罗斯托克市中心，带有传统红砖哥特风格的预制大板式建筑

较著名的项目包括：
格罗皮乌斯和柯布西耶参与的著名的柏林汉莎街区的住宅项目 6000 居民；
慕尼黑纽帕拉赫居住区（Neuperlach）55000 居民；
纽伦堡 朗瓦萨居住区(Langwasser)36000 居民；
柏林曼基仕居住区（Märkisches Viertel）36000 居民；
法兰克福 西北新城(Nordweststadt)23000 居民；
汉堡施戴斯胡珀（Steilshoop）20000 居民；
曼海姆佛格斯唐居住区（Vogelstang）13000 居民；

科隆克威勒新城（Chorweiler）100000 居民。

西德地区有大量预制大板建筑，虽然在总建设量中占比不高，但总量估计也有数千万平方米。
西德地区居住使用面积 1970 年为人均 22m²，1991 年上升到人均 36m²。2007 年人均超过 40m²。

3. 德国装配式建筑的标准规范研究

德国建筑业标准规范体系完整全面。在标准编制方面，对于装配式建筑首先要求满足通用建筑综

图 13 柏林 Marzahn 居住区

图 14 柏林 Marzahn 居住区

合性技术要求，即无论采用何种装配式技术，其产品必须满足其应具备的相关技术性能：如结构安全性、防火性能，以及防水、防潮、气密性、透气性、隔声、保温隔热、耐久性、耐候性、耐腐蚀性、材料强度、环保无毒等，同时要满足在生产、安装方面的要求。

企业的产品（装配式系统、部品等）需要出具满足相关规范要求的检测报告或产品质量声明。单纯结构体系，主要需满足结构安全、防火性能、允许误差等规范要求；而有关建筑外围护体系的装配式体系与构件最复杂，牵涉的标准最多。装配式建筑相关标准非常多，部分标准分列如下。

3.1 有关混凝土及砌体预制构件、装配式体系的标准规范包括：

DIN 1045-3 混凝土，钢筋预应力混凝土机构。第3部分：建筑施工 DIN13670 的应用规则；

DIN 18203-1 建筑误差 第 1 部分：混凝土、钢筋混凝土和预应力混凝土预制件；

DIN EN 13369 预制混凝土产品的一般性规定；

DIN 1045-4 混凝土，钢筋预应力混凝土机构。第4部分：预制构件的生产及合规性的补充规定；

DIN EN 13670 混凝土结构的允许误差根据 DIN 18202 及 DIN18203；

DIN EN 14992 预制混凝土产品 - 墙体；

DIN EN 1520 带开放结构的轻集料混凝土预制件；

DIN EN 13747 预制混凝土产品 楼板系统用板；

DIN 1053-4 砌体 - 第四部分：预制构件。

3.2 有关钢结构、装配式体系的标准规范包括：

DIN EN 1993-1-1/NA 钢结构设计第 1-1 部分：建筑物一般规定和设计规则，欧盟标准 3 国家参数；

DIN EN 1993-1-2/NA 钢结构设计第 1-2 部分：结构防火设计一般规则，欧盟标准 3 国家参数；

DIN 18800-1 钢结构建筑 第一部分 设计和构造；

DIN 18800-7 钢结构建筑 - 第 7 部分：施工和生产资格；

DIN EN ISO 16276-1 钢结构腐蚀防护涂层系统，涂层附着性（粘结强度）的评估及其验收标准，第 1 部分：撕裂测试；

DIN EN 10219-2 由非合金和细晶粒结构钢制造的建筑用冷加工的焊接空心型钢，第 2 部分：限制大小、尺寸和静态值；

DIN 18203-2：建筑公差 - 第 2 部分，预制钢构件；

BFS-RL 07-101 生产和加工建筑钢结构。

3.3 有关预制木结构、装配式体系的标准规范包括：DIN EN 1995-1-1/NA：木结构的设计和构造，1-1 部分：一般性规定 - 一般性规则和有关建筑物规定，欧洲规范 5 - 国家参数；

DIN EN 1995-1-2/NA，木结构的设计和构造，1-2 部分：一般性规定 - 承重构件的防火设计，欧洲法规 5 - 国家参数；

DIN EN 14250 木材建筑 - 对采用钉片连接的预制承重构件产品的要求；

DIN EN 14509 两侧带有金属覆层的承重复合板 - 工厂加工产品 - 技术要求；

DIN EN 408，木结构 - 承重木材和胶合木材 - 物理和力学性能的规定；

DIN EN 594，木结构 - 试验方法 - 板式构造墙体的承载能力和刚度；

DIN EN 595，木结构 - 试验方法 - 检测框架式梁确定其承载能力和变形情况；

DIN EN 596，木结构 - 试验方法 - 板式构造墙体柔性连接的检测；

DIN EN 1075，木结构 - 试验方法 - 钉板连接；

DIN 18203-3，建筑公差 - 第 3 部分：木材和木基材料的建筑部品。

3.4 有关预制金属幕墙、装配式体系的标准规范包括：

DIN EN 1999-1-1 承重铝结构的设计和构造，第1-1部分：一般设计规定；

DIN EN 1999-1-4/A1 承重铝结构的设计和构造，第1-4部分：冷弯压型板；

DIN EN 14509，自承重式双面金属覆盖夹芯板 - 工厂制造产品 - 规格；

DIN EN 14782 (Norm)，适合室内和室外工程使用的、自承重式金属屋面板和墙面板 - 产品规格和要求；

DIN EN 14783 适合室内和室外工程使用的、整面支撑的金属屋面板和墙面板，- 产品规格和要求；

DIN 18516-1 带后侧通风构造的外墙覆板，第一部分：要求，检验原理；

DIN 24041 穿孔版。

4. 德国不同类型装配式建筑技术体系研究

4.1 工业化预制建造技术的优点：

工业化预制建造技术的优点是大量建造步骤可以在厂房里进行，不受天气影响，现场安装施工周期大幅缩短，非常适用于每年可以进行室外施工时间较短的严寒地区。另一方面优点是建筑构件部品在工厂加工制造，利用机械设备加工制造，工作效率高，精度和质量有保障。

4.2 工业化预制建造的缺点：

①成本高

在预制建筑出现的初期，工业化建筑产品成本低于传统古典建筑。而今天用预制混凝土大板形式建造的住宅和办公大楼的成本通常高于常规建造技术建造的建筑物。原因：钢筋混凝土墙比砌体墙更贵。预制梁、板结构上大都是简支梁而非连续梁，因而需要较多的用钢量。此外，预制件的连接点通常复杂，连接元素有些需采用昂贵不锈钢材料。如果使用了保温夹芯板构造，节点更加复杂，大板缝隙的密封处理也会导致额外的费用。大体量的预制板的运输导致更高的运输成本。

②缺少个性化

工业化预制建造技术的缺点是任何一个建设项目，包括建筑设备、管道、电气安装、预埋件都必须事先设计完成，并在工厂里安装在混凝土大板里，只适合大量重复建造的标准单元。而标准化的组件导致个性化设计降低。

德国现代建筑工业化建造技术主要可分为三大体系：分别是预制混凝土建造体系、预制钢结构建造体系和 预制木结构建造体系。

图15~ 图17 采用预制混凝土叠合楼板、墙体体系建造的住宅项目

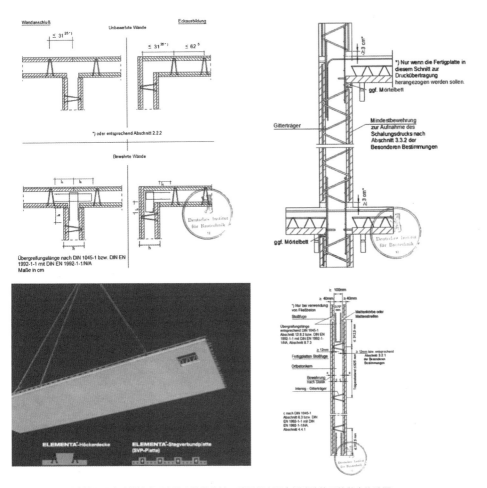

图18~ 图21：由德国国家建筑技术研究院审核批准的一种混凝土叠合板建造体系的节点构造图

4.3 预制混凝土建造体系

4.3.1 预制混凝土大板体系

虽然 20 世纪中叶以后德国有大量混凝土预制大板建造的居住区项目，但这类项目今天看来大部分不太受欢迎，如今预制混凝土大板建造技术在德国已遭抛弃，从 20 世纪 90 年代以后基本没有新建项目应用。

取而代之的是追求个性化的设计，应用现代化的环保、美观、实用、耐久的综合技术解决方案，满足使用者的需求。精细化的设计和模数化设计使大量建筑部品可以在工厂里加工制作，并且不断优化技术体系，如可循环使用的模板技术、叠合楼板（免拆模板）技术、预制楼梯、多种复合预制外墙板。因地制宜，不追求高装配率。

4.3.2 预制混凝土叠合板体系

德国大量的建筑是多层建筑。现浇混凝土支模、拆模、表面处理等工作需要人工量大，费用高，而混凝土预制叠合楼板、叠合墙体作为楼板、墙体的模板使用，结构整体性好，混凝土表面平整度高，节省抹灰、打磨工序，相比预制混凝土实体楼板叠合楼板重量轻，节约运输和安装成本，因而有一定市场。有资料显示混凝土叠合预制板体系在德国建筑中占比达到 50% 以上。采用这种装配结构体系，外立面形式比较灵活。由于德国强制要求的新保温节能规范的实施，建筑保温层厚度在 20cm 以上。从节约成本角度考虑，采用复合外墙外保温系统配合涂料面层的建筑居多。

4.3.3 预制混凝土外墙体系

2012 年在柏林落成的 Tour Total 大厦，代表了德国预制混凝土装配式建筑的一个发展方向。

建筑面积约 28000m^2，高度 68m。外墙面积10000m^2，由 1395 个、200 多个不同种类、三维方向变化的混凝土预制构件装配而成。每个构件高度 7.35m，构件误差小于 3mm，安装缝误差小于 1.5mm。构件由白色混凝土加入石材粉末

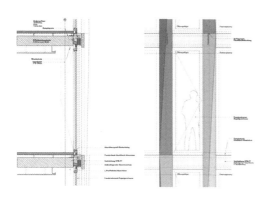

图 22~ 图 29 柏林 Tour Total 大厦，预制混凝土装配式建筑

颗粒浇铸而成，精确、细致的构件，三维方向微妙变化富有雕塑感的预制件，使建筑显得光影丰富、精致耐看（见图 22~ 图 29）。

4.4 预制钢结构建造体系

4.4.1 预制高层钢结构建造体系

高层、超高层钢结构建筑在德国建造量有限，大规模批量生产的技术体系几乎没有应用市场。同时高层建筑多为商业或企业总部类建筑，业主对个性化和审美要求高，不接受同质化、批量化、缺少个性的装配式建筑。另一方面，近年来高层、超高层钢结构建筑的承重钢结构以及为每个项目专门设计的复杂精致的幕墙体系，都是采用工业化生产、到现场安装的建造形式。因此可以归纳到个性定制化装配式建筑。

法兰克福德国商业银行总部大楼是德国为数不多的高层钢结构建筑。钢制构件和金属玻璃幕墙采用工业化加工、现场安装方式建造（见图 30~ 图 33）。

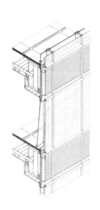

图 30~ 图 33 法兰克福商业银行塔楼

图 34~ 图 38 帝森克虏伯总部大楼，钢混和钢结构建筑，楼板为现浇钢筋混凝土，以满足防火、隔声、热惰性等综合技术要求，外墙、隔墙、楼面、顶棚等采用预制装配系统

获得德国 2012 年钢结构建筑奖的帝森克虏伯总部大楼，代表德国近年来钢结构建筑的一个发展方向。由于混凝土结构优异的防火、隔声、耐久、经济实用等性能，以及现代建筑技术能够成熟地利用混凝土结构优异的蓄热性能，来满足愈来愈高的建筑节能和室内舒适度要求，使混凝土或钢混结构成为德国高层建筑最主要的结构形式。建筑核心筒和楼板通常采用现浇混凝土形式，梁和柱采用钢材、钢混或混凝土形式，以满足承载、防火、隔声、热惰性等综合技术要求；建筑外墙、隔墙地面、顶棚等部品则大量采用预制装配系统（见图 34~图 38）。

2014 年落成的欧洲央行总部大楼，一定程度上代表了德国高层办公建筑发展的特点。项目位于法兰克福，建筑高度 185m。采用双塔形式，两栋塔楼之间形成一个巨大的室内中庭，中间用钢结构设置多层连接平台，布置绿化和交往空间。建筑结构为现浇钢筋混凝土，以满足承载、防火、隔声、热惰性等综合技术要求；高性能的全玻璃幕墙、隔墙、楼面、顶棚等采用预制装配系统（见图 39~图 42）。

4.4.2 预制多层钢结构建造体系

汉诺威 VGH 保险大楼采用一种模块化、多层钢结构装配式体系建造。由承重结构、外墙、内部结构和建筑设备组成。基本构件：楼

图 39~图 42 法兰克福欧洲央行总部大楼，建筑结构为现浇钢筋混凝土，以满足承载、防火、隔声、热惰性等综合技术要求；高性能的全玻璃幕墙、隔墙、楼面、顶棚等采用预制装配系统

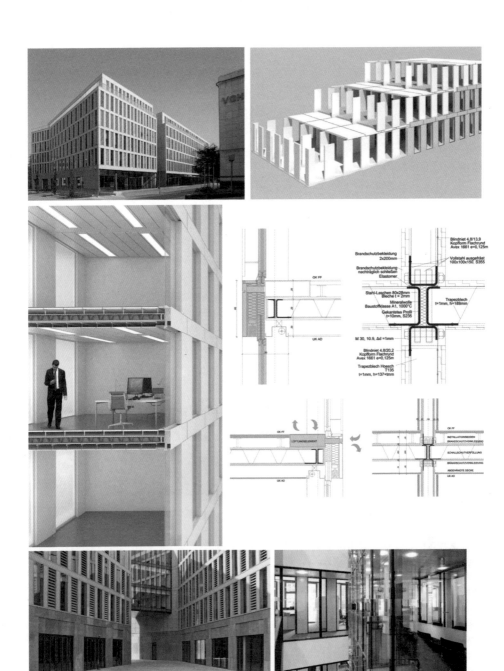

图 43~ 图 51 汉诺威 VGH 保险大楼，采用一种模块化、多层钢结构装配式体系建造

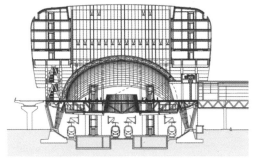

» Querschnitt Bahnhofshalle, M 1:1000

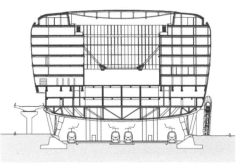

» Querschnitt mit Brücke über dem Atrium, M1:1000

图 52~ 图 55 德国法兰克福机场高铁站 SQUAIRE 商业综合体

板 5.00m×2.50m，厚度 20cm（板长可加长到 10.00m），墙板 3.00m×1.25m，厚度 15cm。楼板和墙板由 U 形钢框架和梯形钢板构成，表面防火板。楼面地面可采用架空双层地面构造。楼板和承重墙板之间采用螺栓固定，并用柔性材料隔绝固体传声。

墙板之间可作为窗、门、百叶等，非承重隔墙采用轻钢龙骨石膏板墙体（见图43~图51）。

有特殊要求的多层建筑项目亦有采用预制装配形式建造。法兰克福 SQUAIRE 商业综合体，内部功能包括商业零售、餐饮、酒店、办公等。建筑位于法兰克福机场高铁站上方，因为需要横跨铁路线，因而建筑整体坐落在钢桁架之上，为减轻重量，建筑结构进行了多方面优化设计。钢结构和幕墙体系采用工业化生产现场安装形式建造（见图52~图55）。

4.5 预制木结构建造体系

德国小住宅领域（独栋和双拼）是采用预制装配式建造形式最高的领域，而其中大量采用的是木结构体系。木结构体系之中又细分为木框板结构、木框架结构、层压实木板材结构三种形式。

4.5.1 木框板结构

承重木框架与抗剪板体是木框板结构建筑的特点。框体采用实木，最好是构造用全实木（KVH）形式。板材主要由木材或石膏板材料构成。标准化的木截面和标准化的板材尺寸使加工生产和建造得到优化。实木框架和板材有机组合，形成的墙壁、楼板和屋顶结构体系，能够有效地吸收和承载所有垂直和水平荷载。木框板结构建筑自重轻，保温层位于木框材料厚度之间，因而建筑显得轻盈。

要达到被动房的节能水平，需要增加外侧或内侧保温材料，这一步可以在工厂预先完成。外墙部分可以选择装饰木材面板、面砖，或保温层加涂料等形式。

在工厂预制的墙体等板材中，已经预先安装好建筑的保温隔热、隔蒸汽层和气密层，以及建筑上下水、电气设备管线或预留穿线和接口空间。工厂预组装的组件还包括建筑的外门和窗户。工地上的工作包括：建筑上下水管线和电气线路的连接、瓷砖、地板、粉刷、室内门等。预制装配建筑，可以保证质量、控制成本，大大缩短了施工周期：通常在地下室或建筑地面板完成之后五个星期内可入住。

图 56 现代高效保温预制木框板墙体结构　图 57 预制木框板结构装配体系构件生产过程

图 58~ 图 59 用预制木框板结构装配体系建造的小住宅项目

图 60 用预制木框板结构预制装配体系建造的多层居住建筑

计算机控制、自动化生产、现代化的生产组织优化使工业化预制木构住宅不断完善进步。
预制木结构建筑质量有严格保证，每件预制产品在出厂时都有质量检测合格标识。

除了小住宅建筑之外，木框板结构在办公建筑、幼儿园、多层住宅、商业建筑等领域也有应用（见图 56~ 图 60）。

4.5.2 木框架结构

木框架结构体系是指垂直承载的木制柱和水平承载的木制梁组成的木结构体系。木材大多采用工程用高质量的复合胶合木（Brettschichtholz），跨度可达 5m。这种工程用复合胶合木，也被用来建造大跨度体育馆等建筑。辅助性木结构，如楼板次梁、檩条等则采用构造用实木。

用木框架结构体系建造的房屋，其外墙板也具有

图 61 典型木框架结构体系建筑细部

图 62 预制木框架体系构建加工

图 63 预制木框架体系建筑部品在工地进行安装

图 64 用预制木框架结构体系建造的独立式小住宅项目

图 65 用预制木框架结构体系建造的独立式小住宅项目

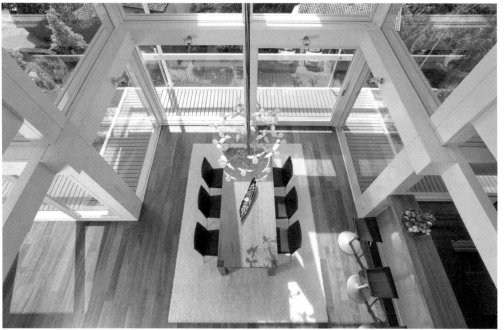

图 66 用预制木框架结构体系建造的独立式小住宅项目

图 67 用预制木框架结构体系建造的多层居住建筑

图 68 用预制木框架结构体系建造的多层办公建筑

图 69~ 图 71 层压实木板材结构建筑

保温隔热层，隔蒸汽层和气密层，但木框架结构体系中的内外墙板不承担任何结构作用。建筑物的抗剪由木制、钢制斜撑或刚性楼梯间承担。由于墙体是填充性构件，因而墙体可随意布置并在未来轻松更改，楼板也可方便设置挑空构造。建筑内部空间灵活流动，开窗位置与面积灵活，采光和景观好（见图 61~ 图 68）。

4.5.3 层压实木板材结构
层压实木板材结构建筑近十年来得到快速发展。实木板材结构采用交叉层压木材（Brettsperrholz），有很好的结构承载性能，可以加工制成楼板、墙体、屋面板。现代化的计算机控制切割机床，能够轻松切割出任何需要的洞口和形状。层压实木板材结构不受建筑模数限制，可以创造出独特的、纯净的空间，受到建筑师、结构工程师和业主的青睐。

层压实木板材结构，同以上两种木结构形式一样，可以在工厂加工预制，到现场组装（见图 69~ 图 70）。

5. 德国装配式建筑相关统计数字

5.1 德国装配式建筑的定义
德国国家统计局（Statistisches Bundesamt）统计数据中有装配式建筑（Fertigteilbau）一项，Fertigteilbau 德文词字面直译为"预制构件建筑"。德国统计局对装配式建筑的定义为：一座建筑，当其外墙或内墙，采用楼层高度或房间宽度的承重预制构件，称为装配式建筑（Ein Bauwerk gilt als Fertigteilbau, wenn geschosshohe oder raumbreite tragende Fertigteile für Außen- oder Innenwände verwendet）。

5.2 装配式建筑企业及从业人员和营业额情况
根据德国国家统计局统计数字，2015 年 1~11 月期间，德国建筑企业（Bau von Gebaeude，）共 2817 家，从业人数 145335，营业收入 25770 百万欧元。

其中装配式建筑企业 74 家，从业人数 7078，营业收入 1384 百万欧元。

5.3 德国装配式建筑占建筑总量的比例
根据德国国家统计局统计数字，德国居住建筑和非居住建筑装配式占比分别见下表。

德国批准建造的装配式居住建筑的历年统计数据 *   表1

年份	居住建筑									
	建筑	建筑体积 住宅套数总计		住宅					居住面积	预算造价
					一栋建筑中住宅套数					
					1-2 套		3 套以上			
	数量	1000m³	%	数量	数量	%	数量	%	1000m²	百万欧元
1999	32 491	23 886	10.6	39 562	35 064	14.4	3 887	2.9	4 517	5 534
2000	24 690	18 447	9.9	29 889	26 516	13.2	3 368	3.3	3 460	4 269
2001	20 732	16 039	10.0	25 650	22 296	12.9	3 080	3.7	2 977	3 688
2002	21 140	16 372	10.5	25 320	22 805	13.3	2 354	3.3	3 028	3 823
2003	23 053	17 817	10.3	27 149	24 766	12.9	2 319	3.3	3 307	4 151
2004	19 939	15 486	10.1	23 661	21 381	12.8	2 046	3.0	2 866	3 605
2005	19 065	14 859	11.0	22 569	20 249	13.9	2 220	3.4	2 778	3 491
2006	19 198	15 018	10.8	22 337	20 516	14.1	1 456	2.1	2 786	3 586
2007	12 964	10 339	10.7	15 810	13 842	14.6	1 408	2.3	1 948	2 499
2008	12 307	9 609	10.4	14 415	13 132	14.9	1 107	1.9	1 800	2 407
2009	12 229	10 133	10.6	15 500	12 952	14.4	1 851	3.0	1 881	2 622
2010	13 305	10 743	10.5	16 275	14 055	14.8	1 386	2.1	2 027	2 866
2011	15 711	12 546	10.1	18 943	16 444	14.8	1 738	2.0	2 367	3 443
2012	15 201	12 477	9.8	18 554	15 951	14.9	1 957	2.0	2 359	3 553
2013	16 009	13 454	9.8	20 624	16 899	15.3	2 753	2.3	2 543	3 918
2014	16 147	13 315	9.5	21 149	16 909	15.8	2 802	2.2	2 544	4 013

* 统计数字为新建建筑，% 值为占新建建筑总量

德国批准建造的装配式非居住建筑的历年统计数据 * 表 2

年份	非居住建筑				
	建筑	建筑体积		建筑使用面积	预算造价
	数量	1000m³	%	1000m²	百万欧元
1999	15 746	119 214	52.7	18 386	10 441
2000	14 493	111 622	50.2	16 760	9 742
2001	12 629	108 990	48.2	16 003	9 038
2002	10 581	92 238	48.3	13 603	8 771
2003	9 417	84 486	48.1	12 009	7 272
2004	9 585	83 940	50.7	11 608	6 288
2005	9 486	77 159	46.9	10 755	5 742
2006	9 948	97 205	50.9	12 741	7 323
2007	9 731	108 042	50.8	13 876	7 945
2008	10 368	126 628	50.8	15 862	9 190
2009	8 963	83 432	43.1	11 465	6 960
2010	9 593	82 077	42.7	10 916	6 212
2011	10 121	97 800	45.7	12 361	7 296
2012	9 505	97 954	46.2	12 610	7 960
2013	9 151	94 509	46.9	12 151	7 782
2014	8 698	88 034	47.1	11 082	7 197

* 统计数字为新建建筑，% 值为占新建建筑总量

从上述统计数据可以看出，德国从 1999 年到 2014 年之间，居住建筑中装配式建造比例在 9.5%~11% 之间，平均值为 10.29%；非居住建筑中装配式建造比例在 42.7%~52.7% 之间，平均值为 48.08%。

2015 年从事建筑预制装配式构件生产的就业人数及其营业额分别占建筑行业相应指标的份额为 5.12% 和 5.37%。

6. 德国装配式建筑的发展对中国的借鉴

6.1 预制混凝土大板建筑的经验教训
德国早期预制混凝土大板（PC）建造技术的出现和大规模应用，主要是为解决战后时期城市住宅大量缺乏的社会矛盾。用预制混凝土大板建造的卫星城、城市新区深受 20 世纪初以《雅典宪章》为代表的理想主义现代主义城市规划思潮的影响。《雅典宪章》试图克服工业城市带来的弊病，摒弃建筑装饰，用工业化的技术手段，快速解决社会问题，创造一个健康、平等的社会。但人类社会是非常复杂的，城市发展更是复杂的，由于当时的规划指导思想的局限性，建筑过分强调整齐划一，建筑单元、户型、建筑构件大量重复使用，造成这类建筑过分单调、僵化、死板，缺乏特色、缺少人性化。有些城区成为失业者、外来移民等低收入、社会下层人士集中的地区，带来严重的社会问题，近年来部分项目被迫大规模拆除。

6.2 德国的教训对中国的借鉴与思考
中国城市建设的高潮已过去，大量城市建筑需求量接近饱和，没有依靠混凝土大板技术快速大规模建设住宅的需求；推动德国混凝土大板建筑大规模应用的另一个因素是以《雅典宪章》为代表的早期现代城市规划与现代建筑指导思想，发达国家对此经过深度反省，已基本放弃。因此推动德国当年混凝土大板建设的两大动因在当今的中国社会都不存在。

图 71 预制混凝土大板建筑单调、死板，缺乏人性化尺度，带来严重的社会问题，近年来部分项目被迫大规模拆除

混凝土大板建造体系在人性化城市空间塑造、个性化建筑表现、建筑成本控制、建筑构造技术问题解决等方面都存在严重不足，这是混凝土大板体系今天在德国被抛弃的根本原因，这点值得我们深思。中国不应盲目推广混凝土大板建设体系。特别不应为了追求预制率水平而推广混凝土大板建设体系。

6.3 德国建筑工业化发展趋势

今天德国的建筑业突出追求绿色可持续发展，注重环保建筑材料和建造体系的应用。追求建筑的个性化，设计精细化。由于人工成本较高，建筑业领域不断优化施工工艺，完善建筑施工机械、包括小型机械，减少手工操作。建筑上使用的建筑部品大量实行标准化、模数化。强调建筑的耐久性，但并不追求大规模工厂预制率。

其建筑产业化体现在：

工厂化：大量构件、部品在工厂生产，减少现场人工作业，减少湿作业；

工具化：施工现场减少手工操作，工具专业化、精细化；

工业化：现代化制造、运输、安装管理，大工业生产方式；

产业化：BIM 系统的全面应用，全行业，全产业链的现代化，工业 4.0 模式。

6.4 建造技术方面

办公和商业建筑的建造技术以钢筋混凝土现浇结构、配以各种工业化生产的幕墙（玻璃、石材、陶板、复合材料）为主。

多层住宅建筑以钢筋混凝土现浇结构和砌块墙体结合，复合外保温系统、外装以涂料局部辅以石材、陶板等为主。

图 72 预制钢结构多层办公建筑

联排及独立住宅则有砌体、木结构、少量钢结构
常规建造体系以及工业化生产预制砌体、预制木
结构全精装修产品。

工业厂房、仓储建筑成本控制严格，以预制钢结构、
混凝土框架结构，配以预制金属复合保温板、预
制混凝土复合板居多。

6.5 建造体系的选择
经济性、审美要求、施工周期、功能性（防火、隔声、
维护、使用改造的灵活性、热工舒适性等）、环保
与可持续性等方面的综合考量是选择何种建造体
系的关键。

大部分装配式建筑，由于重复大量使用相同构件，
容易出现单调、廉价的感觉。但通过精细化设计，

图 73 预制钢结构多层办公建筑

利用预制装配式构件，也能够建设个性鲜明、具有较高审美水平的建筑。

6.6 德国经验对中国的借鉴与思考

中国推广装配式建筑最主要的目的应是提高建筑产品质量、提高建筑的环保和可持续性。建筑产业化的发展方向应该是工厂化、工具化、工业化、产业化的全面推进。特别应该大幅提高建筑材料、部品、成品的质量标准要求，和生产、建造、安装过程中的环保要求。应因地制宜选择合适的建造体系，发挥建筑工业化的优势，达到提升建筑品质和环保性能的目的，而不是盲目追求预制率水平。

西方国家建筑遮阳及产品技术发展研究

文：德国可持续建筑委员会（DGNB）国际部董事
　　5+1 洲联集团 · 五合国际 副总经理 卢求

引子：在欧美发达国家，随着建筑节能标准的提高，以及不少遮阳产品同时具有提高私密性、调节室内光环境舒适度等功能，建筑遮阳已成为居住建筑和公共建筑的一项必要组成部分。在众多建筑节能设施之中，大多由设备工程师主导，唯有建筑遮阳是由建筑师主导设计并负责监督实施的一项工程。建筑遮阳同时也是建筑立面的一项重要组成部分，是建筑美学重要的表达方式。随着中国建筑节能标准以及经济发展、生活水平的提升，建筑遮阳也将逐步成为中国建筑的一项必要组成部分。研究西方国家建筑遮阳的发展历史、产品技术的进步，可以发现一些有趣的现象和规律，对于中国建筑遮阳技术及产业的发展很有借鉴意义。

1. 西方历史上早期的建筑遮阳

人类对建筑遮阳的关注由来已久。人类早期建造房屋主要希望达到遮风避雨、冬季抵抗严寒、夏季抵挡暴晒。在没用发明空调设备以前，人类只能依靠固定的建筑构筑物或可移动的木板或编制物来遮挡夏季强烈的太阳辐射，以获得相对舒适的环境。

相关记载显示，古埃及法老的宫殿，在窗户上运用芦苇帘（Reed）作为遮阳，用以减少太阳辐射。古希腊时期的作家色诺芬 (Xenophon，公元前 427~ 前 355 年) 在其著作《回忆苏格拉底》中提到了设置柱廊以遮挡角度较高的夏季阳光而又使角度较低的冬季阳光射入室内的问题。

公元前 1 世纪，古罗马建筑师、工程师维特鲁威（Vitruvius）在其名著《建筑十书》中写到炎热的气候对于人类健康不利，在选址部分、城市街道布局，以及书中许多章节都提到建筑要避免和控制南向太阳辐射热的建议。文艺复兴时期，阿尔伯蒂的《论建筑》(约公元 1450 年) 是西方建筑发展史中最重要的著作之一，书中系统地论述了建筑美学、工程技术的相关理论与实践，也阐明了为使房间保持凉爽，建筑应如何选址、布局、开窗，以及遮阳防晒。

图 1 古罗马建筑师、工程师维特鲁威所著《建筑十书》，书中许多章节都提到建筑要避免和控制南向太阳辐射热的建议

图 2 文艺复兴时期，阿尔伯蒂的《论建筑》，书中系统地论述了建筑美学、工程技术的相关理论与实践，也阐明了为使房间保持凉爽，建筑应如何选址、布局、开窗，以及遮阳防晒

图3~图4传统建筑采用厚重的砖石结构，建筑开窗面积较小，外侧通常加装木制百叶或木板遮阳窗扇，以应对强烈的太阳辐射

2.工业革命以前的建筑遮阳

从古罗马到 18 世纪工业革命以前 2000 多年的时间里，受限于传统建筑的结构和构造形式，建筑外墙多采用厚重的砖石结构，建筑开窗面积较小，墙体厚重、热惰性好，因太阳辐射导致室内过热的情况并不十分突出。

在欧洲南部地区夏季温度较高，太阳辐射强烈，那里的居住建筑在窗户外侧通常加装可开启的木制百叶或木板窗扇，以达到遮阳的效果。

3.早期现代主义建筑与建筑自身构件遮阳

18 世纪工业革命之后，城市化进程快速推进，人类城市建设活动大规模展开。1867 年法国人约瑟夫·曼宁（Joseph Monier）申请了世界上第一个钢筋混凝土专利，19 世纪人类开始机械化生产钢材和玻璃，钢筋混凝土、钢材、玻璃在城市建设过程中得到大规模的应用。新材料、新技术的应用，迅速拓展了人类的建筑形式与类型，出现

图 5 早期木制卷帘窗剖面图

了带有大面积玻璃窗、玻璃天窗以及全玻璃幕墙的大型建筑。现代建筑，通过梁柱承重结构体系，将外墙从承重功能中脱离出来，因而外窗可以无限放大，甚至形成玻璃幕墙，不透明的外墙也可以做得很薄很轻，这样的建筑形成了全新的建筑

图 6 柯布西耶在德国柏林设计的集合住宅，将遮阳板作为现代建筑的重要艺术表现手段，成为那个年代的建筑时尚

美学语言与表现方式，但在当时的技术条件下，建筑的热工性能较差，冬天冷，夏天热，不适合使用。

为了控制太阳辐射，提高建筑内部的舒适性，西方建筑师们也在遮阳设计上进行了探索。他们尝试通过挑檐、窗户外侧的水平或垂直挡板等建筑构件达到减少太阳辐射的作用，特别是在炎热地区，太阳辐射强烈，建筑构件遮阳成为一种相对简单有效、造价低廉的解决方案。

出生在瑞士的法国现代建筑先驱、绘画及雕塑家柯布西耶（Le Corbusier，1897~1975 年），摒弃了传统砖石建筑结构基础之上的装饰构件，利用混凝土、钢结构、玻璃等现代建筑技术，结合 20 世纪初构成派、立体主义等现代艺术思潮，创立了现代主义建筑风格，成为影响人类建筑历史发展的国际建筑大师，获得众多荣誉。柯布西耶有机会在北非的阿尔及利亚、印度、南美的巴西等炎热地区从事设计工作，他成功地将遮阳板作为现代建筑的重要艺术表现手段，融汇到他的设计

作品之中，并将这些设计手法运用到他在欧洲的设计之中，成为那个年代的建筑时尚。

美国著名建筑师赖特（Frank Lloyd Wright 1867~1959 年）尝试摒弃欧洲传统建筑形式，从东方建筑中汲取灵感，结合西方古典建筑的设计手法，开创了草原风格建筑形式（Prairie Houses），设计了错落有致、深浅不一的挑檐，这些造型舒展的屋顶不仅形成了独特的建筑风格，也具有较好的遮阳作用。

图 7 柯布西耶在巴西里约设计的公共建筑，通过挑檐、窗户外侧的水平或垂直挡板等建筑构件达到减少太阳辐射的遮阳作用，在炎热地区，太阳辐射强烈，建筑构件遮阳成为一种相对简单有效、造价低廉的解决方案

图 8 赖特设计的罗比住宅（Robie House），错落有致、深浅不一的挑檐，不仅形成了独特的建筑风格，也具有较好的遮阳作用

图 9 利华大厦

图 10 希格拉姆大厦

4. 现代建筑技术的发展、室内舒适环境的追求、节能环保的要求推动了建筑遮阳设施的发展

随着 1911 年建筑空调设备在美国的诞生，人类可以通过现代化技术手段，在室内产生冷气。抵消太阳辐射到室内的热量，建筑开窗面积可以进一步不受限制。第二次世界大战之后，西方国家开始大规模城市建设，社会经济快速起飞；在现代主义建筑思潮的影响下，西方国家开始流行大面积玻璃幕墙甚至全玻璃盒子式建筑，采用全封闭式建筑空调技术体系。大面积的玻璃窗、幕墙为建筑室内空间带来前所未有的通透感和明亮的阳光，也带来太阳辐射引起的前所未有的室内过热和空调能耗。

这一时期最著名的建筑包括位于美国纽约的利华大厦（Lever House）和希格拉姆大厦（Seagram Building）。前者于 1952 年落成，高 94 米，后者由现代主义大师密斯（Ludwig Mies van der Rohe）设计，高 157m，于 1958 年落成。两栋建筑在建筑史上有重要地位，都已成为美国著名历史建筑得到保护。由于当时石油价格低廉，这些早期的玻璃幕墙大厦设计建造时几乎没有考虑节约能源，建筑能耗方面表现非常差。2013 年的一份资料显示，希格拉姆大厦在高层建筑能耗测评中落入最差的 3% 之中（Why Green Architecture Hardly Ever Deserves the Name）。尽管如此，为了改善室内光环境舒适度，希格拉姆大厦里已经安装了室内百叶帘遮阳。为了建筑外立面的整齐漂亮，建筑师密斯强制要求百叶帘控制只有三个档位，即百叶帘全部放下、放到一半和全部收起。

图 11~ 图 12 希格拉姆大厦室内

活动式遮阳百叶具有遮阳、调光、私密性等多项功能，已成为西方国家中、高档办公建筑的标配，从建筑节能和调节室内热工舒适度角度考量，室外遮阳有明显优势，但由于高层建筑室外风力较大，且百叶的维护清洁成本较高，外置百叶对建筑立面效果有一定负面影响，所以大部分建筑选择室内遮阳百叶。

到 20 世纪 70 年代石油危机爆发，能源成本大幅升高，以及全空调大厦所带来的建筑综合征导致员工健康水平降低、工作效率下降等问题的突显，西方国家开始关注建筑节能和室内健康工作环境，展开了该领域多方面的研究工作，包括建筑遮阳，自然采光优化、室内光环境控制、避免眩光、自然通风等，建筑遮阳的重要性日益突出，各国先后出台了有关建筑法规，对建筑遮阳发展起到了有力推动作用。

在建筑美学追求透明轻盈、平整光洁外立面以及降低建筑能耗等多方面力量的驱动下，得益于建筑节能理论和计算机精确模拟技术的发展，20 世纪 90 年代欧洲建筑师、工程师探索并成功建造了一批双层玻璃幕墙高层办公建筑，早期代表作品包括德国法兰克福商业银行总部大楼（1997 年落成、建筑师诺曼·福斯特，Foster）和德国埃森市 RWE 总部大楼（1991 年设计，1997 年落成，建筑师英格霍芬 Ingenhoven）。

通过双层幕墙，可以改善建筑玻璃幕墙的保温性能，建筑可以在各种天气情况下有效组织自然通风，设置在双层幕墙之间的电动百叶遮阳帘可以有效控制太阳热辐射和光照强度。到目前为止，在世界范围内已建造了大批双层幕墙建筑，但这种构造技术也并不完美，它的建造成本较高，占用较大建筑面积，建筑能耗虽然比普通玻璃幕墙明显降低，但运用其他技术达到同样节能效果的性价比更高，因而这项技术还在不断完善。

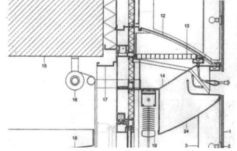

图 13~ 图 15 德国埃森市 RWE 总部大楼，早期双层玻璃幕墙建筑的代表作品之一

5. 现代建筑遮阳产品的发展

18 和 19 世纪，工业革命从萌芽状态逐步发展，借助动力设备和机械化生产，人们开始开发新的建筑材料和设施，用机械化、工业化方式，生产和改进传统的木制遮阳百叶窗等遮阳产品。进入 20 世纪，特别是第二次世界大战之后，铝合金材料、现代化合成纤维布料及其加工技术的进步推动了建筑遮阳产品的大规模应用。

以水平遮阳帘为例，它是建筑上运用最广泛的遮阳形式之一，通常由木制、金属或塑料薄片构成，由细绳穿接并可调整角度和完全收起。据说是由意大利威尼斯人发明或由其带到世界其他地方，因此这种百叶帘英文叫做威尼斯帘（Venetian blind）。1760 年英国物理学家 Gowin Knight 申请了水平遮阳帘的专利。

瑞士森科（Schenker）公司从 1881 年开始生产当时非常创新的建筑遮阳产品（Storen），并在 1895 年注册了其第一个遮阳结构构造专利。1974 年推出了 GM100 系列全金属遮阳，1976 年推出了复合材料百叶帘。今天森科已成为瑞士最大的遮阳专业产品生产企业。

比利时然颂（Renson）公司，1909 年创立，最初生产建筑通风等设备，第二次世界大战之后开始关注室内舒适环境控制系统解决方案，开发了包括铝合金百叶帘等产品，20 世纪 70 年代石油危机之后开始发展建筑节能相关产品，开发了建筑遮阳系列产品及相关控制系统。

图 16 早期手工组装铝合金百叶帘遮阳

1911 年创立于德国杜塞尔多夫的索内贝格（Sonnenberg）金属机械加工厂，1940 年迁往美国，这是亨特·道格拉斯（Hunter Douglas）公司的前身，1946 年该公司研发出新的铝合金加工技术和设备，在此基础上推出的铝合金百叶遮阳帘在美国、加拿大市场上获得大规模应用，当时有超过 1000 家工厂夜以继日地为客户组装加工遮阳帘产品。1971 年这家企业又迁回欧洲，落户荷兰阿姆斯特丹，成为今天世界最大的铝合金建筑产品供货商之一，产品包括建筑遮阳。

德国万瑞门（Warema）公司，1955 年创立，专业生产铝合金遮阳帘，如今是欧洲最大的建筑遮阳产品专业生产企业之一。

在 20 世纪初美国的高层办公建筑已经广泛使用水平遮阳帘，包括纽约的帝国大厦（1931 年落成）和洛克菲勒中心（1933 年落成）。其中伯灵顿公司（Burlington Venetian Blind Co）为帝国大厦提供的水平百叶帘是当时世界上遮阳产品最大的一笔订单。

图 17 帝国大厦采用了室内水平百叶遮阳产品

图 18 洛克菲勒中心也采用了室内水平百叶遮阳产品

图 19~ 图 20 家用水平百叶帘

在家用方面，水平百叶帘应用也十分广泛，但需要格外关注其安全性问题，看似优雅轻巧的遮阳帘，对儿童是一高危潜在杀手，美国仅在 1996~2012 年间，就有 184 名儿童因玩耍百叶帘控制绳导致被勒住脖颈身亡！（"Window Covering Information Center". U.S. Consumer Product Safety Commission. Retrieved 2016-08-16. ）

6. 现代建筑遮阳的功能及主要种类

西方现代理论认为建筑遮阳需要具备以下功能：防止太阳辐射导致室内过热、防止眩光、调节室内光环境、防止紫外线辐射、节约空调及照明能源，提高室内私密性。在满足上述遮阳功能的基础上，通常需要遮阳设施能够提供较好的视觉通透性，同时外遮阳也是立面设计的重要组成部分，需要满足建筑美学的要求。外遮阳设施还要满足恶劣天气状况下的安全性、设施的耐久性、易于清洁、维护更新等要求。

遮阳的分类：遮阳大的种类可以分为绿化遮阳、建筑构件遮阳和窗口遮阳设施。

绿化遮阳：指在建筑外围或屋顶及墙壁上种植植物已达到遮挡太阳辐射的作用，虽然有其使用功效，但因其不属于建筑设施，故不进行深入探讨。
建筑自身构件遮阳：指建筑自身具有遮阳作用的固定构件，包括挑檐、外廊、挡板、格栅、墙体内凹等。影响因素包括建筑朝向选择、体型设计、外立面构造形式（窗洞尺寸、窗洞口深度、水平和垂直方向窗外构件尺寸等），建筑屋檐的出挑尺寸，外廊设计等。在建筑辐射强烈方向的外墙外侧或屋顶设置遮阳挡板、格栅，防止墙体或屋面过热。

建筑的不透明外围护结构（外墙、屋顶）也承担着重要的建筑遮阳功能，即防止室内过热。影响这一遮阳性能的技术指标包括外表面太阳辐射反射性能、隔热性能、热惰性、通风散热性能等。建筑构件遮阳主要依靠建筑师设计，高水平的建筑构件遮阳设计需要通过专业模拟软件计算支持。

窗口遮阳设施：通常指设置在建筑窗洞口、幕墙、天窗上可移动的遮阳设施。这是现代建筑遮阳主要研究和产品应用的领域。

窗口遮阳设施种类：
按所在位置划分，室外遮阳；室内遮阳；中置遮阳（位于中空玻璃之中）。

图 21 不同位置的遮阳

按遮阳工程材料划分：织物、铝合金、木材（竹材）、合成板材、贴膜材料的遮阳设施

图 22 铝合金百叶窗细部　　图 23 织物遮阳帘

按构造形式划分：遮阳帘、遮阳百叶、遮阳卷帘、滑动遮阳板、遮阳窗扇、遮阳棚等，每一种构造形式还有多种细分产品系列。

图 24 窗洞口外最成熟的三种遮阳形式，分别是可收起的、有导轨的卷帘遮阳，百叶帘遮阳、布料遮阳

按控制形式划分：手动、简单电动、智能控制。
上述不同种类遮阳设施组合应用，可以产生成千上万种丰富多彩的遮阳设施。

图 25~ 图 34 丰富多彩的建筑遮阳形式

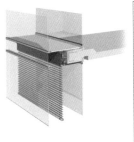

图 36 不锈钢抗强风遮阳帘

近年来通过电动设施控制其开启，并且通过无线网络信号，将遮阳设施的开启关闭与建筑智能化控制体系相结合是一快速发展趋势。在满足基本遮阳设施功能要求的基础之上，西方国家的遮阳设施精细化发展出满足特殊功能要的产品：如密闭遮光的卷帘系统、抗强风的遮阳系统，以及部分遮阳设施同时具有的其他功能，如防盗、隔声、保温、防火等。

在大型公共建筑上，遮阳更是建筑外立面重要的艺术表现元素，同时也越来越与建筑的太阳辐射控制、采光、通风、空调系统紧密联动。

图 35 位于双层玻璃幕墙之中、可自动控制的遮阳百叶帘

图 37~ 图 39 不锈钢抗强风遮阳帘

7. 结论与思考

回顾西方国家建筑遮阳发展历史，可以看出工业革命开启城镇化发展，特别是第二次世界大战之后经济起飞与城市建设，推动了建筑行业及建筑技术的发展；对高品质室内环境的追求、节能环保的要求是推动建筑遮阳设备发展的动力；工程材料及加工技术的进步、建筑设计、建筑节能及遮阳技术标准促进了遮阳产品及行业高品质与健康的发展。近十多年来，绿色建筑、可持续理念及价值观逐步得到主流社会认同，建筑节能、室内舒适环境研究不断深入，特别是计算机模拟技术的发展应用，使建筑遮阳理论、产品研发有了突飞猛进的发展。建筑遮阳产品愈来愈成为提升建筑节能及其他综合性能、保证舒适度、完善建筑美学表现的必要组成部分。

欧盟建筑遮阳技术规范体系与市场准入标准研究[①]

文：德国可持续建筑委员会（DGNB）国际部董事
　　5+1 洲联集团·五合国际 副总经理 卢求

摘要：本文对欧洲建筑遮阳技术规范作了较深入的研究，包括遮阳技术规范的分类与研究、欧盟建筑遮阳技术规范汇总、对欧盟建筑遮阳产品市场准入体系及其市场监督机制各方面所作的分析说明。本文还对中国建筑遮阳技术规范和产品体系的建立提出了可行建议。

关键词：建筑遮阳，遮阳技术规范，市场准入体系，欧盟

1. 欧洲建筑遮阳产品分类：

遮阳一词英文是 Sun Shading，德文是 Sonnenschutz。德国及欧盟的建筑遮阳产品可分为七大类（建筑物本身构筑物遮阳不在此类规范讨论和应用范围之内）

1）旋转式或平移式遮阳百叶窗；2）罩壳式遮阳棚；3）外遮阳帘；4）遮阳百叶帘；5）遮阳卷帘窗；6）机翼形遮阳叶片；7）室内遮阳帘。对不同的产品有相应不同的技术规范。

图 1 外遮阳帘 来源：warema

①：本文是作者参与中国《建筑遮阳工程技术标准》编制过程中研究欧盟相关技术体系工作的阶段性总结。感谢德国弗劳恩霍夫（Fraunhof ISE）研究院，Wittwer 教授；万瑞门（Warema）公司 Simon 先生；旭格（Schueco）公司 Jaeger 先生等专家提供的宝贵资料。

2. 建筑遮阳技术规范分类与研究

对于市场上大量的建筑遮阳产品及其不断研发推出的新产品，德国和欧盟建立了非常完整的产品技术规范体系。分析遮阳技术规范体系可以看出他们制定规范体系的框架与思路。德国及欧盟与建筑遮阳产品有关的技术规范有几十种。其中一部分是主要技术规范，如 DIN EN13561《外遮阳帘功能及安全性要求》和 DIN EN13659《遮阳卷帘窗功能及安全性要求》，其他一部分是就某一方面进行更为详细的规定。如 DIN EN 14759《遮阳帘／卷闸隔声性能说明》，DIN EN《遮阳帘／卷闸热功及光学性能及其测试方法》

——从规范内容上看出有偏重遮阳产品设计标准基础理论的：透光性能检测方法；视觉舒适度及检测方法；热功舒适及度检测方法；声学性能及检测方法。

——有侧重对产品性能要求的：机械强度和结构稳定性；变形量控制；防火性能；耐久性。

——有侧重对产品卫生、健康和环保性要求的：卫生健康要求；噪声防护；节能保温要求；错误操作测试方法。

——以及有侧重电气动力控制与系统方面的要求。

我们分析一下欧盟主要遮阳规范之一 DIN EN 13561《外遮阳棚／帘功能及安全性要求》，可以看到它包含以下主要内容：

1 使用范围；2 标准说明；3 概念和定义；4 抗风性能；5 积水处理；6 抗雪压性能；7 操作力量；8 操作部件 HPV 图表尺寸要求；9 错误操作；10 构件使用寿命；11 冰冻情况下的使用；12 使用安全性；12.1 概要；12.2 人员坠落危险；12.3 危险构件的防护；12.4 电动遮阳棚；12.5 电流带来的危险；13 卫生学——健康和环境；14 保温性能；15 耐久性；15.1 概要；15.2 纺织品；15.3 金属部件；16 外观；16.1 法律允许范围内的外形偏差；16.2 法律允许范围内的尺寸偏差；17 搬运和储藏；18 使用说明书；19 一致性评估。附件 A（规范）遮阳材料；附件 B（规范）特殊点列表；使用电机的危险；附件 ZA 和 ZB（资料参考）

——对规范的研究我们可以发现，欧盟相关机构在规范编制过程中，安全性始终占有非常重要的地位。其中保证使用者安全是第一位的，同时也要考虑避免从事外墙清洁及施工维修人员由于意外启动遮阳设备而造成伤害。使用安全性主要考虑：触电危险；人员坠落危险；机械挤压和剪切危险。

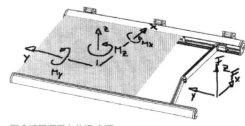

图 2 遮阳棚受力分析 来源：warema

图 3 遮阳棚受风力试验 来源：Warema

图 4 遮阳棚风力试验装置 来源：Warema

——规范中许多数值的确定需要大量实验获得基础数据，如规范第四点"抗风性能"中明确规定，在风荷载作用下，遮阳帘／遮阳棚不得变形或损坏。图 2 为遮阳棚在风荷载情况下受力情况分析。图 3、图 4 为风洞试验装置和试验时的照片。

——由于遮阳产品性能很大程度上是与其安装相联系的，因此规范对安装、维修以及服务的说明书都有很高的要求。规范规定电动遮阳产品说明书必须包括以下内容：

重要的安全说明、警告：为使用者安全必须遵守下列要求；妥善保存安全说明书。

——规范的制订重视确定人性化的操作性能：考虑到人体工学和操作方便性要求下，确定操作部件的几何形状尺寸。

在使用到操作带、绳以及链等工具时，部件必须遵守 HPV 图表中所提供的数据，以保证其可操作性。特别是对操作绳的直径和操作带的宽度做了相应的规定（见图 5，来源：Warema）。

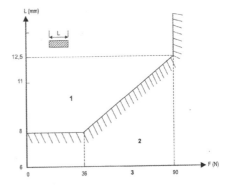

图 5 遮阳拉带操作 HPV（手动拉力值）
L：操作带的宽度（mm），F：操作要求力量 (N)
1：可接受值的范围，2：不可接受值的范围

欧盟遮阳技术规范汇总　　　　　　　　　　制表：卢求

编号	标准编号	标准名称	英文名称	发布日期	内容介绍
	DIN 18073-1990	建筑的遮阳卷帘窗和遮蔽设备、概念和要求	Roller shutters, solar shading and black-out equipment in building construction;concepts and requirements	1990-11	导轨；遮阳棚；滚动遮板；软百叶帘；动力传动系统；塑料；会计；外形；定义；遮阳装置；尺寸；建筑；导向机构；生产；架设（施工作业）；规范（审批）；木材；遮光的；卷升门
2	DIN EN 1933-1999	外部遮阳帘·积水负载强度·试验方法	Exterior blinds - Resistance to load due to water accumulation - Test method; German version EN 1933:1998	1999-03	纺织产品；拒水性；置放装置；遮阳棚；电容性负载；雨水；试验方法；负荷；保护设备；试验；定义
3	DIN EN 12045-2000	动力操纵的百叶窗，遮阳帘·使用安全性·传递力测量	Shutters and blinds power operated - Safety in use - Measurement of the transmitted force; German version EN 12045:2000	2000-12	落地窗；遮阳棚；镶面（建筑物）；滚动遮板；软百叶帘；正面；剪切力；五金（建筑）；利用；动力驱动；保护设备；使用；砖石墙；规范（验收）；动力操纵；端接；测量；材料强度；安全；门；应用；应用；窗；建筑；方法；试验；定义
4	DIN EN 12194-2000	遮阳帘板，内、外遮阳帘·误用·试验方法	Shutters, external and internal blinds - Misuse - Test methods; German version EN 12194:2000	2000-10	保护设备；遮帘；操纵力；负荷；附加保护；使用安全；测量设备；正面；五金件；元部件；五金（建筑）；缺陷与故障；紧急切断；应用；门；安全；定义；建筑；窗；操纵；配件；试验；端接
5	DIN EN 12194-2000	外装和内装遮帘·误用·试验方法	Shutters, external and internal blinds - Misuse - Test methods; German version EN 12194:2000	2000	保护设备；遮帘；操纵力；负荷；附加保护；使用安全；测量设备；正面；五金件；元部件；五金（建筑）；缺陷与故障；紧急切断；应用；门；安全；定义；建筑；窗；操纵；配件；试验；端接
6	DIN EN 1932-2001	外遮阳帘和遮阳帘板·风力载荷耐受性·试验方法	External blinds and shutters - Resistance to wind loads - Method of testing; German version EN 1932:2001	2001-08	五金（建筑）；剪切强度；遮阳棚；滚动遮板；软百叶帘；风；正面；规范（验收）；保护设备；试验；试验；保护装置；遮帘；定义；定义；风阻力；磨损；方法；门；建筑；窗；材料强度；端接；铁扁担门铰链
7	DIN EN 12833-2001	天窗和温室遮阳卷帘·耐雪载荷性·试验方法	Skylight and conservatory roller shutters - Resistance to snow load - Test method; German version EN 12833:2001	2001-10	滚动遮板；关闭和制动装置；屋顶区；雪荷载；天窗；定义；电容性负载；建筑；试验；电阻器
8	DIN EN 60335-2-97-2001	家用和类似电器安全性·第2-97部分：滚动百叶窗，遮阳棚和遮阳帘驱动特殊要求	Safety of household and similar electrical appliances - Part 2-97: Particular requirements for drives for rolling shutters, awnings, blinds and similar equipment (IEC 60335-2-97:1998, modified); German version EN 60335-2-97:2000	2001-05	驱动元件；滚动遮板；软百叶帘；动力驱动；遮阳棚；家用电器；电气工程；家用；安全要求；电气器具；安全
9	DIN EN 13527-2001	百叶窗和百叶帘·操纵力的测量·试验方法	Shutters and blinds - Measurement of operating force - Test methods; German version EN 13527:1999	2001	落地窗；窗；遮阳棚；滚动遮板；软百叶帘；正面；端接；应用；力的测量；尺寸；镶面（建筑物）；剪切力；动力控制；驱动装置；试验条件；门；五金（建筑）；使用安全；试验；力；安全；规范（验收）；建筑；驱动力；定义；保护设备
10	EN 12216-2002	遮阳帘板、外帘和内帘、术语和定义	Shutters, external blinds, internal blinds - Terminology, glossary and definitions	2002-08	幕帘、外帘和内帘；术语和定义
11	DIN EN 13363-1-2003	装有玻璃的遮阳设备·日光和光的透射率的计算·第1部分：简化的方法	Solar protection devices combined with glazing - Calculation of solar and light transmittance - Part 1: Simplified method; German version EN 13363-1:2003	2003-10	建筑物；热传递系数；反射比因数；透射率；滚动遮板；软百叶帘；阳光；光传输；玻璃

12	DIN EN 13120-2004	内部遮阳·包括安全的性能要求	Internal blinds - Performance requirements including safety; German version EN 13120:2004	2004-08	效率；窗；维修；安装；视觉保护；组件；规范（验收）；性能；应用；操纵；功能；建筑物部分；试验；应力起动；额外保护；定义；正面；尺寸；公差（测量）；内部；安全；端接；建筑；热传递；热防护；五金（建筑）；五金件；起动力；使用说明；运输；噪声控制；遮阳装置；紧急切断；术语；负荷；低温保护；公用事业设备；寿命；尺寸公差；透明度；软百叶帘；滚动遮板；安装条件；测量设备；使用安全；气候防护系统；滚动遮帘；门；耐久性；保护设备；缺陷；使用
13	DIN EN 13561-2004	外部遮阳帘·包括安全在内的性能要求	External blinds - Performance requirements including safety; German version EN 13561:2004	2004-9	寿命；危害；储存；耐久性；安装；特性；质量要求；操纵；试验；风阻力；安全要求；安全；正面；雪荷载；窗扇；玻璃暖房；遮阳棚；排水；防眩设备；维修；耐用试验；窗；适用性；使用安全；热防护；规范（验收）；检验；分类；名称与符号；遮阳装置；屋顶区；门洞；材料；建筑；定义
14	DIN EN 13659-2004	遮阳帘板·包括安全的性能要求	Shutters - Performance requirements including safety; German version EN 13659:2004	2004-11	分类；端接；使用说明；起动力；应力；定义；遮阳棚；材料；安全要求；建筑；雪荷载；规范（验收）；安全；特性；风阻力；尺寸偏差；适用性；遮光的；折叠遮板；保护设备；CE标记；木材；组件；门；外部；性能要求；窗；滚动遮板；遮板；软百叶帘；抗震性；耐久性；噪声控制；遮阳装置
15	DIN EN 14201-2004	遮帘和百叶窗·耐反复操作性（机械耐久性）·试验方法	Blinds and shutters - Resistance to repeated operations (mechanical endurance) - Methods of testing; German version EN 14201:2004	2004	端接；剪切力；安全；起动力；耐久性；门；窗；试验；铁扁担引铰链；力的测量；规范（验收）；定义；遮阳棚；方法；镶面（建筑物）；耐用试验；试验条件；落地窗；耐力；保护装置；保护设备；尺寸；使用安全；建筑；适用性；正面；软百叶帘；滚动遮板；连续性试验；功率（力学）；寿命；五金（建筑）；利用；寿命试验
16	DIN EN 13363-2-2005	与玻璃结合的遮阳设备·太阳能和光的透射率总量计算·第2部分：详细的计算方法	Solar protection devices combined with glazing - Calculation of total solar energy transmittance and light transmittance - Part 2: Detailed calculation method; German version EN 13363-2:2005	2005-06	用户引入线；太阳术语；遮阳装置；百叶帘；基准方法；组合；数学计算；太阳辐射；门窗玻璃；评定；透射率；建筑；定义；玻璃；光传输；建筑物；光透射率；传输率；保护装置；太阳能动力装置；热传输系数；辐射；计算方法；叶片；计算方法；反射比因数；阳光；滚动遮板；简化；窗玻璃
17	DIN EN 13363-2-2005	装有玻璃的遮阳设备·太阳能和光的透射率总量计算·第2部分：详细的计算方法	Solar protection devices combined with glazing - Calculation of total solar energy transmittance and light transmittance - Part 2: Detailed calculation method;	2005-06	用户引入线；太阳术语；遮阳装置；百叶帘；基准方法；组合；数学计算；太阳辐射；门窗玻璃；评定；透射率；建筑；定义；玻璃；光透射率；建筑物；光透射率；保护装置；太阳能动力装置；热传输系数；辐射；计算方法；叶片；计算方法；反射比因数；阳光；滚动遮板；简化；窗玻璃
18	DIN EN 13561	对DIN EN 13561:2004的勘误	Corrigenda to DIN EN 13561:2004-09	2005-01	门洞；屋顶区；遮光装置；遮阳装置；窗；名称与符号；试验；安装；使用安全；耐久性；适用性；操纵；质量要求；热防护；特性；排水；材料；安全要求；遮阳棚；建筑；玻璃暖房；窗扇；维修；雪荷载；正面；危害；检验；安全；规范（验收）；储存；分类；定义；风阻力；寿命
19	DIN EN 14501-2006	遮阳帘和遮阳帘板·温度舒适和视觉舒适·性能特性和分级	Blinds and shutters - Thermal and visual comfort - Performance characteristics and classification; German version EN 14501:2005	2006-02	防闪光装置；遮阳棚；遮帘；分类；舒适；建筑；定义；门；端接；评定；性能；性能要求；特性；保护设备；遮阳装置；试验；热防护；热应力；透射率；透明度；软百叶帘；视觉的；视觉保护；气候防护系统；窗

3. 建筑遮阳技术规范汇总

欧盟有关建筑遮阳技术规范内容广泛，在此将相关的主要规范汇总指标如下，以便进行进一步的研究工作。

4. 欧盟建筑遮阳产品市场准入体系

1）目前所有在欧盟市场上销售的建筑产品必须达到欧盟相关的一系列标准（见图6）。在产品上贴上质量标识 CE，才能进入市场。

2）生产厂家必须提供产品满足标准的相关证书。

3）根据产品本身所具有的危险性不同，划分为四个等级。其中 I 类危险性最高，VI 类危险性最低。危险性高的如锅炉等产品，检查标准严格，甚至有专门机构，在不事先通知的情况下，定期随机

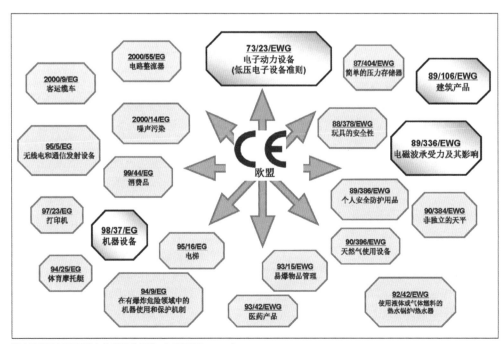

图 6 欧盟产品市场准入体系相关标准 （ 来源 Warema ）

到厂家采取样品回去检验是否达标。

4）遮阳产品由于危险性相对较少，被划为VI类产品。由于欧盟不同国家地区较多，为了实际可操作性，不硬性规定遮阳产品必须由哪些有资质的机构检验后才能上市，由厂家自己决定其产品送到哪家机构进行检验，自行贴上质量标识 CE。

5）市场监督机制。虽然欧盟不对每一个遮阳产品进行技术鉴定，但要求所有产品必须有 CE 标识才能入市。生产厂商在产品上贴上标识，意味着必须自己对产品负全责，使其达到所有相关标准。如果消费者对市场上某一遮阳产品质量、安全性有质疑，可以向市场监督部门投诉（Gewerbaufsichtsamt），市场监督部门审查这些投诉，对可疑性大的产品送相关机构进行检验，费用由国家支付。一旦确实存在问题，生产商将面临严厉惩罚，方式包括强迫产品退市、重金罚款、勒令停产甚至吊销生产执照。

5. 对中国的借鉴

纵观欧盟建筑遮阳产品技术体系与市场准入体系，对中国当前建立我们国家的建筑遮阳技术规范和产品体系有很好的借鉴作用。总结归纳提出以下建议：

1）中国需要尽快建立自己的建筑遮阳产品技术规范，包括产品技术性能规范和基本理论体系以及检测方法规范体系。

2）在规范体系建立过程中，应突出产品的安全性、耐久性及健康环保方面的强制要求。

3）在中国遮阳产品技术规范的基础上建立中国自己的遮阳产品市场准入体系，使产品制造商承担更多的质量保障责任。

4）鉴于前些年某些建筑材料产品的市场应用中出现的问题，建议比照欧盟体系标准提高国家对产品质量标识体系的监管力度。

4.1 要求所有建筑遮阳产品提供能够证明产品满足相关规范要求的检测证书，并在有关部门备案。在所有产品上标明满足标准之名称和检测证书号等技术信息。

4.2 对所有含有电力驱动装置的遮阳产品，要求生产商提供指定权威机构出具的相关检测证书，并在所有产品上标明产品检测证书标号、有效期等信息。

4.3 建立完善有效的消费者 / 市场反馈机制，结合现有的市场监督体制，明确消费者投诉渠道和主管部门责任主体。设立质量可疑产品检测财政专款和投诉结果公示制度。

德国及其他欧盟国家为编制规范进行了大量基础、细致的研究和试验工作，采集了大量数据。为保证广大民众、消费者能获得安全可靠、性能优良、持久耐用的建筑产品发挥了突出作用。中国正处在一个高速城市化建设时期，只有通过完善的技术规范体系，严格执行市场准入标准，保证单项建筑部品质量、性能、安全、耐久等各方面要求，才能全面提升中国建筑质量水平。

德国政府对节能建筑的政策支持与经济资助措施[①]

文：德国可持续建筑委员会（DGNB）国际部董事
洲联集团·五合国际 副总经理 卢求

引言

发达国家经验显示，推动国家建筑节能环保这一浩大艰巨的工程，不仅需要建筑设计与工程技术层面的解决方案，更重要的是要建立完整的法律、法规、政策以及有效的资助措施和形成健康的市场机制。德国在建筑节能与环保立法方面走在国际前列，取得了突出的成就，并同时推出一系列行之有效的鼓励政策和资助措施。本文从德国的

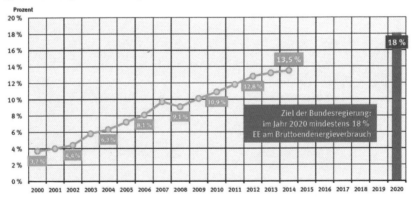

图 1 2014 年德国可再生能源已占到能源总用量的 13.5%，德国政府计划到 2020 年将这一数字提高到 18%

①：本文最初发表于 2009 年第五届《绿色建筑大会论文集》，2016 年 4 月进行了更新。回顾德国十多年前在当时经济发展阶段对生态节能建筑的资助政策与措施，对于中国今天促进生态城市、绿色建筑发展政策的制定多有借鉴意义。

环保政策发展背景、立法程序和对节能建筑的鼓励政策和资助措施以及德国政府对建筑节能技术研发领域的政策扶持和资助措施进行了较详细的分析阐述。

1 德国环保政策发展背景

自能源危机以来，节约能源、利用可再生能源成为全球范围内越来越紧迫的课题。德国能源匮乏，石油几乎 100% 进口，天然气 80% 进口。节约能源和保护环境是德国政府的一贯政策。多年来，政府通过制定和改进建筑保温技术规范等措施，不断发掘建筑节能的潜力。

德国在生态建筑和节能建筑方面处于世界先进水平。2006 年（2007 年 6 月德国环境部统计数字），德国可再生能源占能源总消费量的 8%，占电力总消费量的 12%，占供暖总消费量的 6%，占动力燃料总消费量的 6.6%。减少 CO_2 排放量 1.01 亿吨。到 2014 年德国可再生能源已占到能源总用量的 13.5%。

德国政府作为"京都协议"（Kyoto-Protokoll）的主要推动者之一，主动承担减少排放保护大气环境的责任。从 2005 年 2 月"京都协议"生效以来，到 2007 年 7 月，德国对比 1990 年排放水平：CO_2 排放量已减少 19%，达到了欧盟承诺的总监排量的 75%。（资料来源：德国环境部）

德国政府 2007 年 8 月通过了新的"气候保护行动计划 2020"，计划中提出了 30 种具体措施，要求德国到 2020 年 CO_2 排放量相比 1990 年水平减少 40%，成为世界范围内大气环保的领跑者。

德国 2007 年编制的"气候保护行动计划 2020"中四个亮点：
计划到 2020 年德国可再生能源利用要达到总能源的 25%~30%，采暖用能 14% 采用可再生能源，通过新的"生物气体能源应用法"（Biogas-Einspeisgesetz）。

加强环保高能效的热电联产（KWK-Anlagen）设施的建设，要求热电联产设备发电总量达到 25%，这一方面政府支持数量为 75 亿欧元，另外在改善城市近途及远途供暖系统上投资补贴可达 20%，总量 1.5 亿欧元。

大力提高建筑能效水平，2008 年建筑节能标准再提高 30%，到 2012 年在此基础上再提高 30%，包括其他具体措施，如要求没有按期实行节能改造房屋的业主分担部分采暖能源费用等手段。这一系列措施将大大推动建筑相关行业的发展。

德国政府相当重视环保工作，在财政预算上有明确体现。2008 年底联邦政府用于环保的财政预算额为 26 亿欧元，相比 2005 年提高了 18 亿欧元，相当于增长了 200%。

德国 2016 "气候保护计划 2050"

德国政府计划到 2016 年 6 月编制完成"气候保护计划 2050"，这是德国实现应对气候变化长远目标的路线图。德国联邦环境部在此框架下拟定了相关文件，提出了德国向温室气体零排放（treibhausgasneutral）全面转变的过程步骤。

作为一个基准值，德国联邦环境部建议德国 2050 年温室气体排放量相比 1990 年减少 95%。这就要求在能源和交通领域温室气体排放量减为零，农业领域减少温室气体排放量一半。在能源领域必须放弃用煤炭和其他化石燃料进行电力生产，大规模扩大可再生能源发电。多种能量转化技术 (PtX) 在各个领域的应用是必不可少的。相反核能、碳捕获和储存 (CCS) 以及生物质能源并非是可持续能源系统的基础构成元素。取消有害气候环境的补贴政策；进一步发挥能源税、碳排放交易等经济手段。

2 德国的政治体制及对生态节能建筑资助政策的影响

德国是联邦制国家，由十六个联邦州组成。联邦州区别于省份的地方，是本身就是具有国家权利的政体 (Staaten mit eigener Staatsgewalt)。这种政治体制的特殊性使德国政策法律也带有自己的鲜明特点。

联邦的立法与行政除了联邦政府主要的职能部门，由人民选举出的联邦议院（Bundestag）占主要位置。另外联邦参议院 (Bundesrat) 作为联邦各州的代表，也有相当大的话语权。联邦参议院由16个联邦州的代表组成，每州有 3~6 个席位，参与联邦的管理工作。

图 2 风力发电设施

在与基本法的原则相符合的前提下，联邦各州有各自不同的州宪法，管理工作也由各州独立进行。联邦本身的管理工作仅为外交、国防、货币、铁路、航空等 11 类事项。

同样的，州以下的各市县和乡镇也在符合《基本法》的前提下拥有充分的自治权。包括地方短途公共交通、地方道路建设、水电及煤气供应、废水处理和城市建设规划等事项。

由于德国政治体制的特殊性，德国的生态节能建筑法律法规十分细致复杂，法律法规分为不同的层面级别：联邦级别、州级别和地方级别。每一级都在不违反上一级法律的原则下，根据各自的不同情况制定与之相适应的法规条例。

3 德国生态环境相关法律法规的立法程序

德国立法必须经过周密的检查，充分考虑社会各方利益的平衡，避免出现片面的法律法规，使法律法规通常得到较为广泛的支持。

生态环境相关法律通常由负责环境保护的部门——联邦环境部——负责起草草案。在草案准备的过程中通常有多个相关部门参与。在得到政府其他部门（法律部和财政部）的通过后，草案被提交给内阁，转交联邦参议院和联邦议院。在这里草案将有三次听证，第一次和第二次听证期间常会有较大的改动。第三次听证通过后草案交回联邦参议院表决。

所有将在联邦各州实行的法律法规必须得到联邦参议院的通过。在不能通过的情况下草案将交给调解委员会（Vermittlungsausschuß）修改。当联邦参议院通过草案，或者两议院在调解委员会的调解下取得一致，法律将由联邦总统宣布并生效。在某些领域里，例如航空运输和联邦铁路，联邦政府有较大的权利，相关法律法规不必得到联邦参议院的通过即可生效实施。

在一些领域，例如清除垃圾、净化空气和消除噪声污染方面，在和联邦法律不发生抵触的情况下，联邦各州可以制定各自的法律法规。

还有一些领域，例如生活用水、景观保护，联邦议院只负责法律法规框架，具体细则由各州按照各自的情况制定。

4 德国生态节能建筑相关法律法规

德国定制的法律法规十分细致完善。在环境保护领域里，联邦、各州和地方目前共有约800部法律（Gesetze）、2800部环境法规（Umweltverordnungen）和近4700条管理条例（Verwaltungsvorschriften）。

4.1 节能法及相应法规条例

能源危机以来，德国制定了一系列旨在控制能耗、节约能源的法律法规。

1976年德国节能法生效，之后在其范围内相应出台了若干条例：

《建筑保温规范》于1977年生效实施，并于1982年和1995年进行了两次修正。

《供暖设备条例》于1978年起生效，于1982年、1989年、1994年和1998年先后进行了4次修正。

《供暖成本条例》于1981年生效实施，1984年和1989年进行了两次修正。

2002年，德国出台了《建筑节能条例》（EnEv），取代了供暖设备条例和热保护条例。节能法规从控制单项建筑维护结构（如外墙、外窗和屋顶）的最低保温隔热指标，改进为控制建筑物的实际能耗，并在世界上首次提出能源证书这一概念。法规对于新建建筑和既有建筑都有明确的规定。该条例于2004年、2006年和2009年进行了多次修订，最新修订版本于2014年5月生效。

德国最新版的《节能条例》（ENEV2014）是德国政府为落实欧洲议会2010/31/EU号指令所完成的立法工作的一部分。该条例将促进德国政府节能减排能源政策的实施，特别是为达到德国最新《节能法》（EnEG 2014）要求的2021年起实施新建建筑达到"近零能耗建筑"（nearly zero-energy building ,fast Null Enenrgie Gebaeudeeude）（2019年起新建政府公共建筑就要求达到近零能耗建筑）以及2050年所有存量建筑成为近零能耗建筑这一重要目标作出贡献。

"近零能耗建筑"是指建筑物具有非常高的节能性能，按照统一方法（依照欧盟指令2010/31/EU附件1）计算出建筑物运行所需的一次性能源消耗几乎为零或非常低，而这部分能源消耗的大部分由建筑自身或附近生产的可再生能源提供。

德国《2014版节能条例》是对《2009版节能条例》的修订，在其基础上对建筑节能提出更高的要求。核心工作是在经济可承受的范围内，提高建筑整体的节能要求，并其主要内容如下：

对新建建筑要求：

在2009版节能条例的基础上，提高建筑节能要求。从2014年5月起进一步降低建筑一次性能源消耗量12.5%，这一指标从2016年起再降低

12.5%(总共降低建筑一次性能源消耗量 25%)。
进一步要求新建建筑外维护结构综合传热系数降低 10%，以及从 2016 年起降低 20%。

细化建筑夏季遮阳、隔热要求。引入建筑最高允许太阳能得热值要求（Sonneneintragskennwertes），要求根据 2013-02 版德国工业标准 DIN4108-2，第 8 章进行相关计算证明。

计算建筑一次性能源消耗量时，电能中不可再生一次性能源系数取值降低为 2.0，又从 2016 年起降低为 1.6。

对于满足一定前提条件、不制冷的住宅建筑，引入简化版参照建筑计算法（ENEV easy）作为验证其能耗水平达标的备选方法。

对既有建筑要求

既有建筑节能改造原则上没有提高要求。只要求在对 1984 年以前建成的住宅改造时的外门转热系数 U 值要求小于 1.9。之所以没有提高既有建筑节能改造，也是为了不过高提升既有建筑节能改造的成本投入，同时提高既有建筑改造支持措施力度和经济吸引力，促进节能改造工作的大面积展开。

强化建筑能源证书的管理，发挥其在节能工作中的作用

进一步完善和强化建筑能源证书的管理体系，强化能源证书中节能改造推荐措施。要求所有建筑能源证书都须在德国建筑技术研究所（DIBt）统一注册备案。

细化建筑能源证书中对既有建筑节能改造的诊断和优化实施措施的要求。

细化能源证书的公示要求。500m² 以上（2015 年以后 250m² 以上）的公共建筑（包含有公众使用功能的私有建筑）必须在建筑公共部分显著位置公示该建筑的能源证书。

相关配套政策和措施

要求房地产广告、销售和出租过程中必须提供建筑能耗核心值（单位建筑面积能耗指标的实测或计算值，公共建筑还需要区分单位建筑面积采暖能耗和电能消耗值，这一数值是建筑能源证书中核心技术指标）。

建立建筑能源证书抽检系统。

建立建筑空调系统能效检测报告抽检系统。

要求各州提出节能条例执行细则。

进一步完善建筑节能的资助措施。

进一步完善建筑节能科研工作的资助措施。

预测实行 2014 版节能条例将产生的社会经济影响：起草条例法律文字的同时，对实施条例将会对经济方面产生的影响进行了预测和准确计算，提交议会如下：

对普通市民：

由于提高建筑节能要求，2014 年起每年增加一次性投资 220 百万欧元，相当于每套住房增加造价 1.7%。2016 年起每年增加一次性投资 264 百万欧元。

考虑到提高建筑节能性能可以有效节约的能源费用，静态投资回收期为 15 年，动态投资回收期为 19 年（能源价格按每年上涨 1.3%、贷款利息按每年 3.5% 计算）。

由于房地产广告和销售及出租需要提供建筑能耗核心值证明文件，每年房地产广告支出增加15万~30万欧元。

对国民经济：
德国平均每年新建建筑 43000 栋，其中 23000 栋为住宅，20000 为其他类型建筑。由于提高建筑节能要求，2014 年起公共建筑和住宅建筑总共每年增加一次性建设投资 776~866 百万欧元，2016 年起每年再增加一次性建设投资 684~774 百万欧元。由于执行能源证书和建筑空调系统能效检抽查系统增加 2.6 万欧元费用和 44000 小时工作时间，房地产广告支出增加 0.65~3.25 百万欧元。

政府管理成本：
为执行提高建筑节能的要求，联邦和地方政府每年将增加 54~74 万欧元的管理成本。为执行建筑节能质量抽查工作，州政府机构将产生不低于 15 万欧元 / 年的费用。为执行能源证书和建筑空调系统能效检测报告抽查工作，州政府机构将需要另外约 27.5 万欧元 / 年的费用，以及一次性 32.5 万欧元的投资。

政府税收：
税收将有非常轻微的减少。由于提高节能要求导致增加投资部分可以作为纳税额抵扣会造成税收微量减少。房地产广告费用的增加，则可增加部分税收。

德国政府推进建筑节能工作的措施主要从以下三

方面展开：
立法：出台完善相关法律、法规。
支持：对节能技术、产品的研发和既有建筑改造提供低息贷款等支持和经济利益引导。
信息：提供咨询服务、网站、印刷品、进行宣传推广活动。

建筑节能从三方面推进：
降低能源使用需求：优化设计，减少用能需求。
提高能源使用效率：提高技术设备水平，采用先进技术体系，提高能源使用效率。
降低一次性化石能源使用比例：提高建筑上可再生能源应用比例，提高电网中可再生能源比例。

对建筑节能推广的经济性要求
德国要求在法规和政策细节指定过程中把握一个原则，即为达到建筑节能要求所产生的投资增量成本，至少能在建筑寿命周期内全部回收（德国可持续建筑评估认证标准 DGNB 有详细可操作的建筑全寿命周期成本计算方法）。
努力建立以市场机制为核心的产业结构和可持续发展的机制，而不是形成政府经济支持的短暂行为。

4.2 可再生能源法
为进一步鼓励支持可再生能源的发展，德国政府对 2000 年 3 月的可再生能源法（EEG）进行了修订和补充，并于 2004 年 7 月 21 日颁布了新的可再生能源法，为扩大可再生能源的利用提供了法律保证。

法律规定，自 2004 年 7 月起，联邦领域内，利用可再生能源从事生产的发电设施，优先并入公共供电网。电网经营商有义务将可再生能源的发电量优先并入其电网并支付电价，优先接受并输送这些设施提供的电量。经营商还有义务进行经济技术能力允许的范围内的扩建，以便接收附近利用可再生能源所发的电量。由法律在联邦范围内对收购的电量进行平衡。可再生能源法对可以并入公共电网的可再生能源以及各自不同的收购电价进行了详细的规定。如表一所示：

4.3 生态税改革（Oeko Steuerreform）

1999 年，德国开始实行生态税改革，目的是降低能耗，鼓励新能源技术的研发，提高社会福利水平。生态税改革提高了采暖燃油的税率，把部分税收用于逐步降低雇主和雇员的养老保险金，即完全

德国可再生能源法对可以并网的可再生能源以及各自不同的收购电价的规定　　　　　表1

可再生能源名称	发电装置功率	收购电价（欧分 /kWh）	运转时间（a）
水能	从 0 到 5MW	9.67 至 6.65	30
	从 5MW 到 150MW	7.67 至 3.70	15
储存气体、净化气体、矿井气体	不受限制	7.67 至 6.65	20
生物质能	从 0 到 20MW	3.90 至 17.50	20
陆地的风能	不受限制	8.70（初始补助金额） 5.50（最终补助金额）	20
海洋的风能	不受限制	9.10（初始补助金额） 6.19（最终补助金额）	20
太阳能	太阳能装置安装在建筑物顶部和侧面，并装有防噪声隔墙	57.40 至 54.00	20
	太阳能装置安装在房屋正面	62.40 至 59.00	20
	其他种类的太阳能装置	45.70	20

退还给纳税人。生态税的制定减轻了企业和个人的税收负担，而加强了能源消耗的税收。实行这样一套相当复杂而巧妙的税收政策，达到的效果是大大提高了能源的价格，提高社会各界节约能耗的积极性，促进了各种节能技术的研发应用。生态税法于 1999 年 4 月生效，至 2003 年共分为 5 个阶段。

其中，对工业农业和林业领域实行减免税收，如工业生产领域，尽管能耗很高，但为了保证德国工业的国际竞争力，保证就业比例等社会经济效益，只缴纳应缴生态税的 3%。对农业生产方面的燃油则免征生态税。为鼓励公共交通和使用天然气、生态燃料的交通工具的发展，对它们也实行

生态税改革五个阶段以来的生态税收变化 表 2

货币单位：欧元，其中德国马克换算成欧元，保留小数点后两位

	4/1999 前	至 12/1999	2000	2001	2002	2003
电力（欧元 / 兆瓦小时）						
一般情况下征收的生态税		10.23	12.78	15.34	17.90	20.50
对工业生产，农业，林业征收：		2.05	2.56	3.07	3.60	12.30
取暖燃油（欧元 / 千升）						
一般情况下征收的矿物油税	40.90	61.36	61.36	61.36	61.35	61.35
一般情况下征收的生态税		20.45	20.45	20.45	20.45	20.45
对工业生产征收：		4.09	4.09	4.09	4.09	12.27
重油（欧元 / 千公斤）						
一般情况下征收的矿物油税	15.34	15.34	17.90	17.90	17.89	25.00
一般情况下征收的生态税		0.00	2.56	2.56	2.55	9.66
对工业生产征收：		0.00	2.56	2.56	2.55	9.66
天然气（欧元 / 兆瓦小时）						
一般情况下征收的矿物油税	1.84	3.48	3.48	3.48	3.476	5.50
一般情况下征收的生态税		1.64	1.64	1.64	1.636	3.66
对工业生产征收：		0.33	0.33	0.33	0.33	2.196
液态天然气（欧元 / 千公斤）						
一般情况下征收的矿物油税	25.56	38.35	38.35	38.35	38.34	60.60
一般情况下征收的生态税		12.78	12.78	12.78	12.78	35.04
对工业生产征收：		2.55	2.55	2.55	2.56	21.02

较低的税率。生态税改革鼓励利用可再生能源的项目，使用再生能源发电的电力免征生态税，这些项目包括风能、太阳能、地热、水力、生物能等。目前生态税税收已达到 186 亿欧元。

对电力征收的生态税
（欧元 / 兆瓦小时）

对天然气征收的生态税（欧元 / 兆瓦小时）

对取暖燃油征收的生态税
（欧元 / 千升）

对液态天然气征收的生态税（欧元 / 千公斤）

图 3 1999 年至 2003 年对各类一次性能源征收的生态税

5 德国对于生态建筑的资助措施

5.1 对于新建生态建筑的资助措施
德国复兴银行（KFW）"生态建筑计划"
这项计划专门给新建的节能建筑提供低息贷款。可申请贷款的节能建筑包括：被动式太阳能建筑、节能建筑 40、节能建筑 60 或利用可再生能源取暖的新建建筑。

其中，节能建筑 60 必须满足以下两个条件：
第一，根据节能规范的规定，建筑物总能耗的指标，即年一次性能源消耗值（Jahres-Primärenergiebedarf (Qp)）不得超过 60kWh/m²。

第二，建筑物的外围护质量，即建筑的外围护热损失（Transmissionswärmeverlust (Ht')）必须较节能法规规定的最高值低 30%。

节能建筑 40 比节能建筑 60 要求更为严格：
第一，根据节能规范的规定，建筑物总能耗的指标，即年一次性能源消耗值（Jahres-Primärenergiebedarf (Qp)）不得超过 40kWh/m²。

第二，建筑物的外围护质量。建筑的外围护热损失（Transmissionswärmeverlust (Ht')）必须较节能法规规定的最高值低 45%。

被动式太阳能建筑必须满足：
第一，年能源消耗根据节能法规的规定不超过 40kWh/m²。

第二，年取暖能耗不超过 15kWh/m²。

如果新建建筑没有达到以上标准，但利用可再生能源取暖，也可通过此项计划申请到低息贷款。

新建建筑满足以上任一项，即可申请全额贷款，根据所节约的能耗的多少，享受不同的利率和免偿还年。贷款上限为每居住单位 5 万欧元。还贷期 4~30 年，有 2~5 年的免偿还年（tilgungsfreie

Anlaufjahren，指为了照顾贷款人在投资初期的偿还能力，保证资金流动顺畅，在一个时期内，某项贷款虽然生利息，但不用偿还）。

5.2 对于既有建筑的节能改造

5.2.1 KFW 银行"减少二氧化碳排放量-旧房节能改造计划"（CO_2-Gebaeudesanierungsprogramm）（下称减排改造计划）

这个计划是 KFW 银行提供的既有建筑节能改造计划中的重点。该计划目标为降低既有建筑能耗，减少二氧化碳排放量。根据既有建筑的建造年限、节能改造措施及节能减排效果提供不同额度的资助。资助方式分为两种：低息贷款和补助。

在减排计划中，对既有建筑的节能改造措施分为两类。
一类措施：按照节能法规标准改造，即节能改造后的建筑符合节能规范（EnEV）新建建筑的节能标准。

二类措施：采取减排改造计划提供的 5 种节能改造的系列措施。包括屋顶保温层、外墙保温层、地下室保温层、新型节能窗户、节能取暖设施和通风系统的不同组合。

其中，一类措施适用于建于 1983 年 12 月 31 日前的居住建筑。二类措施适用于建于 1994 年 12 月 31 日前的居住建筑。两类皆包括养老院和疗养院等宿舍建筑。

采取这两类节能改造措施，节能改造项目的全部款项便可以申请 KFW 银行的长期低息贷款，低利率保持 10 年不变。但在此计划中贷款的上限为每居住单位 5 万欧元。不足的部分可申请 KFW 银行的其他资助。例如，如果某节能改造项目的预算超过每居住单位 5 万欧元，可通过"住宅现代化改造计划"申请额外的贷款。

贷款偿还期为最低 4 年，最高 30 年。期内包含若干贷款免偿还年，贷款免偿还年的多少取决于还贷时间。4~20 年可享受 1~3 年贷款免偿还年。20~30 年可享受最多 5 年贷款免偿还年。

若采取一类节能改造措施，可享受免还贷款总额 5% 的优惠政策。若节能改造标准高于节能法规规定的新建建筑的节能标准 30%，可享受免还 12.5% 贷款的优惠政策。

除低息贷款外，减排改造计划还为私人住宅的节能改造提供补助。补助也根据既有建筑采取的两类节能改造措施发放。

对于一类措施，即节能改造达到节能规范规定的新建建筑节能标准，可得到全部投资额 10% 的补助，上限为每居住单位 5000 欧元。如果节能水平高于节能规范新建建筑标准 30%，可获得 17.5% 补助。上限为每居住单位 8750 欧元。

对于二类措施，即采取减排改造计划提供的系列措施，可得到全部投资额 5% 的补助，上限为每居住单位 2500 欧元。

5.2.2 KFW银行"住宅改造更新计划"（Wohnraum Modernisieren）

在既有建筑的节能改造方面，作为减排改造计划的补充计划，住宅现代化改造计划专门为居住建筑（包括宿舍）某部分的节能改造提供贷款。低息10年不变。包括附属投资在内的全部投资额均可申请贷款。

住宅现代化改造计划也按照节能改造的不同措施分为两类：

第一类：标准措施
（1）住宅的改造，包括减少各类消耗，改善居住条件，维修建筑缺陷，无障碍改建，安装新的采暖设施等方面，例如改装浴室、增建电梯、维修地板门窗等。
（2）改善住宅的外部设施，例如绿地、儿童活动场等。
（3）拆除在原东德地区长期闲置的住宅。

第二类：生态措施
（1）建筑外围护的保温隔热措施，例如外墙、屋顶、与非取暖空间的隔墙的保温隔热措施等。
（2）取暖技术的更新，例如使用太阳能装置，地源热泵等。

如采用标准措施，贷款上限为每居住单位10万欧元，其中拆除闲置住宅的贷款为每平方米125欧元。采用生态措施，贷款上限为每居住单位5万欧元。

图4 太阳能设施

贷款偿还期为最低 4 年，最高 30 年。也根据还贷时间长短提供给贷款者至少 2 次，最多 5 次的贷款免偿还年。

5.3 对于可再生能源的应用

对于可再生能源的利用，KFW 银行推出"可再生能源计划"和"太阳能发电计划"两项计划，对利用可再生能源的发电的项目提供长期的低息贷款。

受到资助的可再生能源包括：太阳能取暖装置、生物能供暖装置、浅层地源利用（热泵）、深层地源利用、水力发电装置、垃圾及沼气发电、生物能装置、风力发电装置、太阳能光电装置。

对 100 千瓦以上采暖用生物能装置提供上限为 5 万欧元的低息贷款。还可享受还贷补贴每千瓦 20 欧元。

对于生物能装置及其配套的热力网：对生物能装置提供每千瓦 24 欧元的低息贷款，上限为 60000 欧元。生物能装置的热力网可申请上限为 75000 欧元的低息贷款，享受还贷补贴每米 50 欧元。对于深层地热利用装置提供上限为 100 万欧元的低息贷款以及还贷补贴，补贴量为每千瓦 103 欧元。与之配套的热力网也可申请低息贷款以及还贷补助，补助量为每米 50 欧元，每套装置贷款上限为 55 万欧元。

对 40m² 以上的取暖用太阳能集热器提供低息贷款和还贷补贴，补助额为总投资额的 30%。对于符合可再生能源法的太阳能光电设施，每个项目提供上限额为 5 万欧元的低息贷款。

6. 案例分析

6.1 某小型住宅楼节能改造项目

某房地产公司的节能改造项目：小型住宅楼，建于 1955 年，建筑面积 1000m²。共有 8 个居住单位。2005 年底计划在住宅楼的外墙、屋顶和地下室天花板安装保温层，改换节能玻璃窗。造价 48 万欧元。通过 KFW 银行"减少二氧化碳排放——节能改造计划"和"住宅现代化改造计划"申请全额低息贷款。如下表：

节能改造的成本	480,000 Euro
需要申请的贷款额	480,000 Euro
贷款	
减少二氧化碳排放 - 节能改造计划 系列措施之一（贷款上限为每居住单位 5 万欧元）	400,000 Euro
住宅现代化改造计划 采用标准措施（贷款上限为每居住单位 5 万欧元）	80,000 Euro
贷款总额	480,000 Euro

图 5 既有建筑的节能改造

图 6　既有建筑的节能改造

6.2 "十万太阳能屋顶计划"（100，000 Daecher Programm）

图 7　住宅太阳能设施

1999 年 1 月 1 日至 2003 年 6 月 30 日，德国政府推出的"十万太阳能屋顶计划"历时 4 年半成功实施。此计划专门向太阳能光电设施提供资助。4 年半内按预计成功安装了３００ＭW 峰值功率的太阳能光电装置，使德国的太阳能光电产品市场翻了１０倍，创造了超过２万的工作岗位，并使德国的太阳能光电技术得到大幅提高，世界排名跃居第二。

自 1974 年石油危机以来太阳能光电技术的研究和推广被紧迫的提上日程。"十万太阳能屋顶计划"（100，000　Daecher Programm）第一次被提出是在 1998 年 SPD 与绿党的联盟商议会上。此前已有一千太阳能屋顶计划（1000　Daecher Programm）的成功实施作为基础。

1999 年 1 月 1 日"给十万屋顶安装上太阳能发电装置"计划（简称"十万太阳能屋顶计划"）正式启动。2002 年秋天，社民党（SPD）与绿党签订新的联盟合同，能源相关的职能转入联邦环境部。因此，"十万太阳能屋顶计划"也改由联邦环境部负责。

与其他的可再生能源资助政策，比如可再生能源法的不同之处是，"十万太阳能屋顶计划"专门支持太阳能光电装置的使用，由德国复兴银行集团（KfW Bankgruppe）对安装太阳能光电装置提供低息贷款。全德境内，在建筑表面新装或者扩建峰值功率大于 1kWp(根据来自生产者的数据)太阳能光电装置的项目均能得到资助。如果安装的位置和计算方法特殊，安装费用、测量费用和设计费同时也可以得到资助。此计划全德国境内统一实施，不因各州或地方情况不同而变化。

提供的资助以 5kW 功率的太阳能光电设施为界，5kW 以下功率的每千瓦峰值功率（kWp）资助上限为 6230 欧元。5kW 以上功率的每千瓦峰值功率（kWp）资助上限为 3115 欧元。资助总额最高不超过 50 万欧元。贷款最长还贷时间为 10 年，还贷期内利率稳定不变，较一般贷款利率低 4.5 个百分点，约为 1.91%。

2003 年 6 月 30 日，联邦环境部宣布历经 4 年半时间的"十万太阳能屋顶计划"结束，预期目标

成功达成。在此计划的推动下，总计峰值 300MW
的太阳能光电设施成功安装。德国太阳能经济
企业联盟（Die Unternehmensvereinigung
Solarwirtschaft e.V.）称此计划对于气候保护和
建设一个繁荣的太阳能工业是一项重大的成功。
可再生能源法与"千万太阳能屋顶计划"一起带
动了对于太阳能装置的巨大需求，价格每年平均
下降 5%。2003 年市场增长将达到 50%。UVS 主
席 Carsten Körnig 说过，本计划与德国《可再生
能源法》一起为"太阳能主导时代"打下了基础。
计划使德国在四年内太阳能光电产品的市场翻了
10 倍。超过 30 家的太阳能设施生产厂家的生产
能力也得到大幅提高，使德国太阳能光电技术在
全球市场上的排名超过美国跃升至第二。

图 9 2000 年，德国的太阳能光电技术在全球市场上的排名
超过美国跃升第二。曲线分别为美国、日本、德国太阳能光
伏发电装机容量值，单位 MWp

由可再生能源法保证的太阳能发电的盈利将直接
分摊到能源消耗者身上。这使得德国的太阳能装
置生产者们能放心地在太阳能装置生产的现代化
改装上继续投资。并且，在 2007 年实施的可再
生能源法的增订部分使"千万太阳能屋顶计划"
中提出的补贴稳定下来。

太阳能技术的市场引入带来了就业机会。最近根
据太阳能经济企业联盟的报告，太阳能工业领域
将创造 2 万个工作岗位。其中 1 万个岗位在太阳
能取暖领域，超过 8000 个就业机会在太阳能光

图 8 德国的太阳能光电

电领域，还有 2 万就业者将从事服务和研究工作。

到 2002 年底，德国在可再生能源领域的从业人员就已达 13 万人，比在煤和核能领域的总和还多。在计划结束后，太阳能光电设施会继续得到资助。

在可再生能源法规定的以每千瓦时 45.7 欧分的价格接受太阳能的并网发电之外，联邦复兴信贷银行集团也将继续对太阳能光电设施提供低息贷款。例如前面介绍的"减少二氧化碳排放量计划"，对太阳能装置给予利率为 3.2% 的低息贷款。

图 10 德国政府能效优化建筑技术研发资助框图
资料来源：德国联邦经济和技术部 2006 年 12 月《能效优化建筑资助方案》Foerderkonzept Energieoptimiertes Bauen

7. 德国政府对建筑节能技术研发的政策扶持和经济资助措施

7.1 建筑节能技术研发资助思路

德国科技部 2006 年 12 月发布的《节能建筑资助方案》(Foerderkonzept Energieoptimiertes Bauen) 继承和延续了德国以往节能建筑技术研发资助的思路和具体方法，成为一直延续到今天的德国政府节能建筑技术研发资助的方针。

该文件确定了德国联邦政府能源研发资助政策的目标是：
开发创新技术，保证向可持续能源应用的平稳过渡（提高能源效率）；
为德国能源供应提供最佳的应变能力和灵活性，（贡献整体经济，规避风险）；
加速与经济增长和促进就业相关联的现代化进程。

建筑节能研发资助政策围绕这一宏观层面目标展开。

政府对节能建筑研发的资助分为两大方面，分为技术研发和示范项目两大方面，由一家专业机构承担操作，见图 9。

德国政府节能建筑技术研发资助包含技术研发和示范项目两个方面。具体操作是由德国联邦经济和技术部牵头并提供资金，由一家研究机构（项目实施机构）协调管理。技术研发包含低能耗技术、真空保温技术、设计方法与工具手段、建筑技术、空调设备、能源系统、能源管理系统等方面。示范项目分为新建建筑和既有建筑，鼓励示范项目上采用技术研发新成果，同时应用中长期能源监测研究，确保技术应用的节能效果。

7.2 德国政府对建筑节能技术研发的资助

德国政府目前支持建筑节能技术研发集中在三个领域，建造技术与产品，建筑设备技术，设计和使用管理。当前关注的主题包括如下几个方面。

7.2.1 建造技术与产品

创新的隔热产品，如真空隔热板（ViBau）；创新高效保温材料，如纳米微孔发泡材料 (Schaeume mit Porenraeumen im Nanometerbereich)；表面高效镀膜技术，如构件表面选择性功能镀膜技术；

具有高效蓄热功能的材料；

高效率和具有复合功能的玻璃幕墙系统相变材料的组成部分（PCM）；

特殊性能的纺织品及膜结构。

7.2.2 外窗及遮阳科研重点发展领域

高性能保温隔热玻璃；

高性能保温隔热门窗框材；

中空玻璃夹层内的高反射、隔热百叶窗综合遮阳系统；

具有日光调节性能的卷帘百叶帘技术；

与建筑自控系统结合一体的遮阳控制系统（如 EIB, LON 等系统）；

与建筑遮阳结合一体的太阳能光伏发电和太阳能光热系统；

特殊加工处理的遮阳玻璃镀膜、电子处理、彩釉智能材料和经过特殊加工处理的具有独特性能的新材料，如纺织品、膜和胶片、塑料、涂料和复合材料系统

7.2.3. 建筑设备技术

新型节能供暖、通风、空调系统（LowEx）；

新型区域性供热和供冷系统；

高效微型分散能源系统如微型冷热电联产设备（Mikro-KWK）；

创新能力的日光和人工照明系统（智能化遮阳系统）；

新型蓄热系统；

新型空调系统；

能量转化系统建筑一体化；

窗户、幕墙的开启功能；

改善通风与热泵技术。

7.2.4 设计和使用管理

完善建筑能耗（建筑和设备）模拟软件，作为设计的辅助工具；

创新性日光、人工光联动控制技术；

节能建筑的智能化测量、控制和管理技术；

进一步研发能耗检测、信号传感技术等技术工具；

开发为调试和运行优化节能建筑的工具（能源管理系统）。

7.2.5. 创新节能示范项目的选择标准

采用整合设计程序；

尽可能地采用新技术，特别应用是德国政府正在资助研发；

达到低能耗水平要求；

达到较高的建筑设计和城市规划质量；

生态和经济的可持续性；

具有复制和实现价值潜力。

7.2.6. 示范项目的三个实施阶段

第一阶段：规划设计和建设，验收调试，操作优化。

第二阶段：两年时间，系统科学监测和记录文件等，并将监测数据用于建筑优化操作管理。

第三阶段：长期监测，少量深入评估研究，但重点是继续优化建筑节能操作管理。

7.2.7 示范项目经济支持范围

满足一定前提条件的示范项目可申请资金资助，资助以下主要工作的费用：

示范项目为多专业整体化设计所付出的额外工作；

外部科学和技术咨询费用；

示范项目使用新技术的投资；

研究相关的测量技术的费用；

特殊情况建筑调试费用；

示范项目管理费用。

7.2.8 示范项目分布

德国能效优化建筑研发项目分别为：

新建建筑能效优化项目；

	EnBau	新建建筑能效优化项目
		Energieoptimiertes Bauen
	EnSan	既有建筑能效优化项目
		Energieoptimierte Sanierung
	EnBop	建筑运行管理优化项目
		Energetische Betriebsoptimierung
	LowEx	系统低耗能项目
		Niederige-Exergie-Technologien
	ViBau	真空保温板项目
		Vakuumisolation im Bauwesen

图 11 德国能效优化建筑研发项目分布情况

既有建筑能效优化项目；

建筑运行管理优化项目；

真空保温技术项目；

系统低耗能项目（Low Exergy Systems）。

其在德国的分布情况见图 11。

8 德国生态建筑资助政策措施的借鉴

德国在生态建筑资助政策措施方面有以下几点值得关注：

将节能环保作为国家基本国策，配以强大力度的财政支持；

建立完整的法律、法规体系，明确各项工作的责任主体；

注重市场机制的培育与建立；

部分采取政府直接资助形式，另外很大部分以专业银行低息贷款形式；

注重资助政策措施实施同时，促进创造新的就业机会；

利用资助政策措施，培养本国相关行业、企业在国际市场上的竞争力。

参考文献

[1]Foerdermoeglichkeiten auf Bundes- und Landesebene nicht stromerzeugender Anlagen und stromerzeugender Anlagen auf Basis erneuerbarer Energien, Ministerium für Laendliche Entwicklung, Umwelt und Verbraucherschutz, Ref. 53
[2]Energy Law and Regulations in Germany, 2007, Dipl.-Ing. Hans-Peter Lawrenz
[3] Klima- und Energiepaket der Bundesregierung
[4] Die formale Organisation des Umweltschutzes in Deutschland
[5] BMWi Foerderkonzept Energieoptimiertes Bauen
[6] EnBau-EnSan_Leitfaden_Montoring

国际绿色建筑评价标准及组织机构研究①

文：德国可持续建筑委员会（DGNB）国际部董事
5+1 洲联集团·五合国际 副总经理 卢求，洲联绿建 盛超

1. 发达国家绿色建筑评价标准体系

1.1 国际绿色建筑评价体系综述

随着绿色建筑的实践和发展，如何判定一栋建筑是否为绿色建筑以及如何评价其绿色建筑相关的性能和质量，成为绿色建筑的核心问题。绿色建筑评价体系最早出现在英国，1990 年英国建筑研究所（BRE）创造性地制定了世界上第一个绿色建筑评估体系 BREEAM。1995 年美国绿色建筑委员会（USGBC）推出了能源及环境设计先导建筑评估体系 LEED。世界上其他主要发达国家借鉴上述两种体系、结合本国具体情况相继推出了各自的绿色建筑评价体系。

以下主要介绍英国 BREEAM、美国 LEED、德国 DGNB 和日本 CASBEE 这四种国际上影响较大且对中国较有借鉴意义的绿色建筑评价体系。这四种体系都包含对绿色建筑性能方面的评估和等级认证功能。

1.2 英国 BREEAM 绿色建筑评价体系

1.2.1 英国 BREEAM 体系简介

1990 年英国建筑研究所创造性地制定了世界上第一个绿色建筑评估体系 BREEAM（Building Research Establishment Environmental Assessment Method）。BREEAM 是世界上第一个、也是全球范围广泛使用的绿色建筑评估方法之一。截至 2015 年 3 月，世界上 50 多个国家中有超过 100 万栋建筑注册申请 BREEAM 认证，其中超过 250,000 栋建筑物已获得 BREEAM 认证。

①：本文是作者参加住建部“绿色建筑发展概论”课题研究，负责完成工作的阶段性成果。

图 1 BEERAM 认证项目在世界的分布图

BREEAM 评价体系不仅对建筑单体进行定量化客观的指标评估，并且考量建筑场地生态，从科学技术到人文技术等不同层面关注建成环境对社会、经济、自然环境等多方面的影响。它既是一套绿色建筑的评价标准，也为绿色建筑的设计起到了积极正面的引导。

BREEAM 涵盖以下方向：新建建筑 BREEAM New Construction（包括办公、零售、学校、医疗保健、工业建筑、居住建筑、法院等）、使用中建筑 BREEAM In-Use、建筑改造 BREEAM Refurbishment、社区 BREEAM Communities。

"BREEAM 新建建筑"是对其在英国的新的非住宅建筑的可持续性评估的标准。开发人员和他们的项目团队使用计划在设计和采购过程中的关键阶段测量、评估、改善和反映他们的建筑的性能。

"BREEAM 使用中建筑"是帮助建筑运营方降低运行成本和改善现有建筑物的环保性能。它有三个部分。第一部分（建筑资产）和第二部分（大厦管理）是与所有非住宅、商业、工业、零售和机构建筑物有关。第三部分（建筑使用者管理）目前限于办公建筑。"BREEAM 使用中建筑"广泛应用于国际可持续发展联盟 (ISA，International Sustainability Alliance) 的成员中。

"BREEAM 建筑改造"提供可持续的住房翻新设计和评估方法项目，帮助现有建筑以可靠方式和可控的成本提高建筑的可持续性和环境性能。

BREEAM 社区为较大型的开发项目提供一种简单而灵活的路径，用以对项目可持续性的改进、评估和认证。

2013 年发布 BREEAM 国际版，可以针对在世界各地的新住宅和新非住宅建筑，在考虑当地情况、优先级、法规和标准的同时，进行评估。

1.2.2 英国 BREEAM 体系的评价方法

BREEAM 共包括九种评价条目：Management(管理)、Energy(能耗)、Water(水耗)、Land Use & Ecology(土地使用及生态环境)、Health & Wellbeing(健康宜居)、Materials(建筑材料)、Waste(垃圾)、Pollution(污染)。根据项目具体情况，评价要点分布在这九大方面中，并且每一方面都有自己的权重比例，同时还设立了创新项得分，鼓励建筑在有条件的情况下努力取得更好的环境和生态效益。

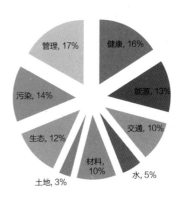

图 2 BREEAM 评价体系的权重指标

BREEAM 结果按照各部分权重进行计分，计分结果分为 5 个等级，分别为：
① 通过（Pass）≥ 30%；
② 良好（Good）≥ 45%；
③ 优秀（Very Good）≥ 55%；
④ 优异（Excellent）≥ 70%；
⑤ 杰出（Outstanding）≥ 85%。

BREEAM 评价体系的评价条目　　　表 1

序号	条目	内容简介
1	管理	管理措施、性能验证、场地管理和采购管理
2	健康和舒适	室内外的相关因素（噪声、光照、空气质量等）
3	能源	运行能耗和二氧化碳排放
4	交通系统	交通相关的二氧化碳排放和选址相关的因素
5	水资源利用	水耗和节水性能
6	材料利用	建筑材料的隐含环境影响，包括如隐含二氧化碳排放的生命周期影响
7	垃圾管理	施工资源的使用效率和垃圾管理和减少的措施
8	场地生态	生态价值、生态保护和场地的生态影响
9	污染控制	外部空气和水污染
10	土地利用	场地类型和建筑足迹

对 BREEAM 项目的评估需要由持有 BRE 执照的评估人进行。对于设计项目，在施工图接近尾声时便可进行评估，评估人会根据设计图纸和材料给出评估意见，上交给 BRE，再由 BRE 给出最终结论，给出评估对象的评定等级。评估完成后，委托人将收到经认证的 BREEAM 评级报告。

1.2.3 英国 BREEM 体系介绍

1 绿色建筑管理条款

在 BREEAM 评价体系中,管理条目为认证要素的第一部分。

在设计过程中,BREEAM 要求客户和业主全方位地参与到设计当中。首先在项目的立项和方案设计阶段,开发商需要进行一次全方位的意见征询工作,意见征询的对象涵盖潜在的业主(建筑日后使用者)、周边居民、政府部门等。征询内容可包含十分广的界面,如建筑的使用功能、高度、开放空间、造型、周边环境影响、绿化空间、历史文脉等等。而设计团队在项目设计过程中,应该充分考虑潜在业主的需求和公众对项目的建议。意见征询的结果需要反映在图纸上。在项目投入使用前,开发商还要制定一份建筑使用说明,详细指出建筑的各个部位功能,各个系统特征,如何运行等情况,方便日后用户更好地使用。

在绿色建筑的管理系统中很重要的一部分涉及了施工方的现场施工管理。首先,BREEAM 要求施工方在破土动工前制定一套关于能源消耗和资源利用的施工计划,该计划中要预估整个施工过程中水、电的用量和 CO_2 的排放量,并且要求施工方定期记录现场水、电消耗,运输过程能源消耗等。

BREEAM 提供了一份施工现场环境影响指导手册,手册中共分四大类,即场地安全及通道畅通、环境友好型施工现场、环境保护政策和施工安全。每个类别中又包含 8 小项,施工方需要满足每个类别中至少 6 小项的要求,并写入合同文件。最后,施工方需要制定一份场地废弃物处理计划,详细阐明如何降低施工现场建筑垃圾,垃圾分类存放管理、如何再利用这些垃圾以及定时记录现场垃圾清运情况。

对于任何项目来讲,优秀的管理都是成功的前提,绿色建筑的实施也必须有专业化、精细化、科学化的管理作为保证。

2 健康与舒适条款

在 BREEAM 评价体系中,健康与舒适条目为仅次于能源利用的第二大权重体系,主要包括室内声、光、热和污染物控制。

室内光环境设计首先要求良好的室外视野,在人员停留空间中,BREEAM 将距离窗口 7m 范围内视为可看到室外视野的空间,人员工作或停留区必须布置在该范围内,而相应的照明控制和空调控制也应同时考虑靠窗 7m 范围内的独立调控。在眩光控制方面,除了灯具的选择,对于凡是有透明部位的外立面,均需进行遮阳设计,遮阳方式较为灵活,内遮阳、外遮阳均可。就办公建筑而言,采光系数大于 2% 的空间面积应占到 90%以上,采光系数大于 3% 的空间面积尽量达到80% 以上。室内照明灯具要分区控制,每个分区控制范围不能大于四个工作位。

在室内风环境和热舒适的设计中,办公空间室内新风量基本上按照每人 43.5L 设计。室内的热舒适计算需要进行数值模拟分析,并且该分析要体现如何影响了建筑的布局和设计,即在设计的不同阶段,要考虑多方案的对比分析,最终选取舒适度效果最好、节能率最高的设计方案。对于人员变化较大的室内空间,设计 CO_2 检测器不可少,检测器需要联动新风。室内空调的控制也应该进行分区设计。

在室内声环境设计中,开放式办公室背景噪声控制指标在 40~50dB(A) 范围内,同时在声学敏感区域,要保证围护结构有一定的隔声效果。

BREEAM 对于室内装修材料的甲醛、苯、VOC 和其他挥发性有机物有严格的控制要求，绝大多数的材料甲醛含量不能高于欧洲最高标准要求。

除了这些常规的室内声、光、热环境和材料要求外，BREEAM 还制定了标准控制供水系统污染，严格控制建筑内各个水系统的细菌等指标。对于某些公共建筑，BREEAM 还要求有一定的室外活动空间，供人们休息和孩子们玩耍。室外的活动空间需要保证一定的安全性和舒适性，远离污染源，有充足的面积和丰富的建筑小品。

3 能源利用条款

在 BREEAM 中，能源利用是权重比例最高的一项指标，而其中的节能效率评分项分数占据了 15 分之多，对于达到 55% 即可获得 Very Good 级别，15 分占据了大约四分之一的比例。BREEAM 作为一套相对成熟的绿色建筑评价标准，很重要一个特点就体现在它将建筑视作一个整体，考量的是建筑综合的节能率，而不强调采用何种具体的技术（如热回收、三联供或者再生能源等），建筑节能效果是通过围护结构、采光照明、机电系统节能等诸多方面共同努力完成的。

BREEAM 十分重视能耗的分项计量，办公建筑内除个别非主要耗能系统，其余的水、电、气等全部要分项计量。对于用来出租或者一栋楼内有不同用户的建筑，需要设立能耗自动监控系统，实时计量。

在建筑围护结构方面 BREEAM 注重的是热桥的隔绝构造措施和一定的建筑气密性，做好这两项是围护结构节能的基础和关键。

在节能设备方面，节能电梯是一个重点。BREEAM 要求在设计阶段对建筑内电梯客流量和运行模式进行分析，提供并采用最节能的方式。通过采用能量回收、变频、群控等技术的应用，也可以得到更大的节能效果。另外，厨房和茶水间内所采用的设备，基本要求达到欧标 A+ 的节能效果。

4 交通系统条款

BREEAM 在场地交通情况方面，比较强调公共交通资源的利用和减少私家车使用的频率。在项目场地 500m 范围内一定要包含公共交通系统，并且公共交通系统的运行时间要分时段、分高峰低峰进行。高峰时期的运行频率不能低于 15min 一班。BREEAM 鼓励在城市已建成区域进行项目开发，项目场地周边最好还含有配套设施，500m 范围内需要有食品店、邮局等，1000m 范围内需要有银行、药店、医院等。建筑出入口 100m 范围内需要配套建设自行车停放点，停放数量需要满足一定的要求，并且鼓励自行车停放处与市政自行车管理系统联系，配备可充电装置，充电电力由可再生能源提供。在建筑内需要设计一定面积的更衣、淋浴空间，满足自行车出行人员的需求。场地内人行和自行车通道的设计要安全、便利，并且满足一定宽度，避免和私家车、货车通道相交叉。室外通道的照明设计要满足相应的照度和均匀度。与大力鼓励公交系统和自行车出行相反，私家车的停车位需要控制在一定比例之内，最好小于每四人一个车位。

对于建筑场地的交通规划，BREEAM 要求在设计初期便做好一份交通计划，研究场地在区域的交通状况（公交、轨交、自行车、步行等），安排好场地出入口和停车空间，规划好货车流线和运输频率等，这样有助于项目的设计和日后的使用。货物车辆需要单独的交通路线和停车位置，与其他机动车不交叉，更不能影响步行和自行车的交通流线。在设计阶段，设计师便应预测好日后的交通运输车辆型号、频率，使设计适应日后的正常运行。

5 水资源利用条款
水资源的节约和利用主要体现在三方面，一是节水，即采用各种节水器具或节水灌溉等方式节约水资源的使用量。二是检漏，即通过检测等方式避免造成水资源泄漏这类不必要的浪费。三是再生水，包括雨水的收集和中水的利用，采用非传统水源利用的方式，减少并使水资源得以循环利用。在节水器具方面 BREEAM 的要求并不苛刻，有效冲水量 4.5L 以下的马桶即可（通常一次冲水量 3L/6L 的洁具即能满足要求），当然如果想获得更高的分数，可以选用冲水且在 3L 以下的设备或者加设延时供水阀。水龙头要求流量每分钟 6L，并设自动感应装置。或者采用泡沫龙头减少出

水量。淋浴设施流量每分钟 9L、压力 0.3MPa、供水温度 37℃，同时需要设置一个自动停水装置，一旦一次用水里到达 100L 后将自动断水。小便器要求采用超级节水设施或无水设计，或者采用人员感应装置，每次使用完后自动冲水。

在检漏方面，要求在主要供水管线上安装带有脉冲信号的水表，实时监控用水级，主要目的是为了防止用水泄漏而造成不必要的损失。建筑内需要同时装备用水泄漏检测装置，当发生泄漏时可以第一时间发现情况，定位泄漏位置，从而减少损失。有条件的建筑还可以采用卫生间供水自动关闭措施，即安装人员感应器，在卫生间无人员使用时关闭卫生间的供水。全方位减少用水量和水资源泄漏的几率。

在再生水方面，采用雨水收集或者中水回用都是可以接受的。其中雨水的收集量应该达到至少屋面雨水的一半，或者可以满足卫生间冲厕需求。中水应该收集 80% 以上的洗手和淋浴用水。并且满足至少 10% 的冲厕用水量。如果综合采用了雨水收集和中水回用，那么非传统水源的利用率至少应该满足 50% 以上的卫生间用水量。

除以上提到的 3 个方面，BREEAM 还对灌溉系统有所要求。节水灌溉系统可以在以下几条中任选一个：

①采用滴灌系统，配合土壤湿度感应器，灌溉系

统要根据不同植被种类进行分区控制。

②采用非传统水源进行绿化灌溉。

③场地内的植被全部依靠自然降雨生存。

④仅采用无需灌溉的耐候型植被。

⑤采用全人工灌溉方式。

由上面几条可见，BREEAM 对于节水灌溉的方式要求还是比较灵活的，而且不仅仅依赖于节水的设备设施，植被物种的选择和人工的参与也有助于灌溉节水。

6 材料利用条款

BREEAM 的一个重要特色就是 LCA 和 LCC 碳足迹盘查和全生命周期的碳排放计算。在材料章节中，许多条款都涉及了碳排放计算问题。

评估对象的主体建筑材料来源必须是合法的，绝大多数的材料必须有可靠的来源。建筑内使用的木材需来自可靠供应商，不能采集保护区的木材。BREEAM 对于建筑材料的来源有自己的指标控制，已经建立了相应的材料来源得分政策，设计单位需要填写一份材料来源得分表，详细说明每种构件（如内墙、外墙、楼板等）采取了何种材料，材料来源自哪里和材料不同来源的比例，最终程序会自动计算出一个得分。

BREEAM 十分看重建筑的耐久性设计。凡是人员走动大的地方如建筑入口、电梯厅、走廊都要注意地面和墙裙的磨损并采取一定措施进行防护。建筑外立面 2m 以下部位需要进行持久性设计，

距离机动车较近的墙面也要注意保护。

7 垃圾管理条款

BREEAM 中建筑垃圾的管理分为两个部分。

第一部分是施工过程中的建筑垃圾管理控制和再利用。首先，BREEAM 对于施工现场建筑总最有一定的数最要求，即每 100m² 建筑面积建筑垃圾的产生量分 3 个档次：①小于 9.2m³，或者小于 4.7t；② 9.2~12.9m³，或者 4.7~6.5t；③ 13.0~16.6m³，或者 6.6~8.5t。数量越小，获得的分值越高。其次，施工方需要制定一个垃圾管理和运输计划，阐述如何降低场地内建筑垃圾产生量，如何在现场回收利用垃圾，场地内垃圾如何分类存放回收、不产生污染，垃圾如何运输和处理等。垃圾的再利用和运输处理需要定时记录，并派专人负责场地垃圾的管理和清运。

垃圾管理的第二部分是在建筑设计和运行阶段。设计师应充分考虑在日后建筑运行阶段垃圾的分类回收和存放运输，建筑内需要设计一定面积的垃圾存放间，垃圾分为可回收和不可回收两部分分类收集存放，垃圾间要靠近货车道，方便运输。在有条件的情况下在垃圾间或附近放置一个垃圾打包机，方便打包运输。

为了避免重复装修产生的垃圾和材料浪费，对于已经确定了日后入住业主的，要提前征询业主意见，再进行室内设计和装修。如果尚未确定日后用户，要先设计一个样板间，以供参考。

8 场地生态条款

相对于其他绿色建筑评价标准而言，BREEAM 十分重视建设场地的生态环境影响和物种保护。首先 BREEAM 建议在已经开发过的土地上进行建设，并且此条作为强制性条目是所有评价建筑必须满足的，BREEAM 也鼓励裸地再开发。涉及场地生态环境方面的问题，需要业主聘请第三方生态顾问针对环境影响和物种保护及生态修复进行处理。在项目未开工前，生态顾问需要走访现场，考察具有生态保护价值的植被和资源，考察现场物种种类和栖息地状况，做好现场情况的材料采集工作。在设计时，需要十分注重保护有价值的生态资源。在建成之后，需要进行生态修复，为物种提供新的栖息环境，生态物种的比例不应少于开工前。同时还要考虑对物种生存环境的长期影响。

9 污染控制条款

建筑的污染控制包含诸多方面，如声污染、光污染、垃圾污染、污染物排放物和制冷剂排放等。BREEAM 对于污染的控制条目规定得十分详细。污染防控条目中，首先是制冷剂问题。制冷剂的存放空间应该密闭设机械排风，鼓励采用低 GWP 和 POD 的制冷剂，或者不用制冷剂，可以获得更多的分数。为了防止制冷剂的泄漏，需要设计制冷剂防泄漏检测装置。

夜间光污染控制几乎是所有绿色建筑评价标准都会涉及的部分，BREEAM 也不例外。景观和广告照明的夜间照度范围需根据欧洲标准设计，对于特定部位的照明、泛光、晚间光强等进行控制，同时景观照明夜间应自动关闭。

BREEAM 鼓励项目建设在远离洪水威胁地区，尽量提高建筑基础避免接触地下水，场地内采取有效的控制径流措施，虽然不强调运用何种具体的方式，但是最终结果要合理控制径流总量。对于场地内的水资源污染需要十分警惕，某些易发生污染的地区，如车道或者储油间部位的排水管路要单独处理，必要时安置油水分离器进行水污染防控。

1.3 美国 LEED 绿色建筑评价体系 +WELL 健康标准

1.3.1 LEED 体系简介

LEED 是由美国绿色建筑委员会（USGBC）在 1995 建立并推行，全称 Leadership in Energy & Environmental Design，国际上简称 LEED，是目前在世界各国的各类建筑环保评估、绿色建筑评估以及建筑可持续性评估标准中被认为是最有影响力的评估标准。

LEED 自建立以来，随着建筑行业和绿色概念的发展，LEED 又进行了多次的修订和补充，目前版本是 2013 年发布的 LEED V4 版本。

LEED 已被美国 50 个州所采用，部分州已被列为当地的法定强制标准加以实行，如俄勒冈州、加利福尼亚州、西雅图市等将 LEED 作为政府建筑的法定标准。美国国务院、环保署、能源部、美国空军、海军等部门都已将 LEED 列为所属部门

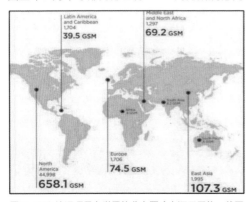

图 3　LEED 认证项目在世界的分布图（来源于网络，截至 2014 年 6 月）

建筑的标准。

根据 2014 年报告《LEED 在行动：大中华地区》，LEED 认证项目已经覆盖中国 34 个省份中的 29 个。该报告完整地记录了中国大陆地区、香港地区、台湾地区和澳门地区的 LEED 活动。迄今为止，上述四个地区的 LEED 已注册和已认证项目数达 1961 个，总计建筑面积约 1 亿 m²。

1.3.2 LEED 体系认证种类

LEED 认证系统针对不同的建筑类型有不同的系统，见表 2 LEED 的认证类型。

图 4　LEED 评价所包含的建筑类型（来源于 LEED 网站）

LEED 认证系统包括"评分先决条件"和"评分条件"，所有的项目首先都必须符合评分先决条件的要求，对于其他的得分可以根据项目的实际情况进行选取；获得认证的基础是总分符合认证系统的最低标准。在每条评分先决条件和评分条件后有明确的文件资料要求，在认证过程中，申请方必须递交充分的文件资料证明项目符合相关条件。

LEED 的认

证类型   表2

序号	条目	内容简介
1	建筑设计与施工（LEED for BD+C）	适用于正在新建或重大改造的建筑物，包括：新建建筑、核心与外壳、学校、零售、数据中心、仓储和配送中心、宾馆接待以及医疗保健。LEED 建筑设计与施工可构建一个全面的绿色建筑，明确每一个可持续发展的功能，最大限度地提高效益。
2	室内设计与施工（LEED for ID+C）	适用于完整的室内装修工程，包括：商业室内（Commercial Interiors）、零售（Retail）、宾馆接待（Hospitality）。其中，Commercial Interiors 是除零售或酒店的商业室内空间，Retail 适用于零售业建筑的室内空间，Hospitality 适合酒店、汽车旅馆、客栈等室内空间。
3	建设运营和维护（LEED for O+M）	适用于现存建筑的运营和维护，包括：既有建筑、学校、零售、宾馆接待、数据中心以及仓储与配送中心。
4	社区开发（LEED for ND）	适用于新的土地开发建设项目，项目可以在任何阶段的发展过程中，从概念规划到建设，包括住宅用途、非住宅用途及综合体。其中，Plan 适用于处在概念规划、总平面设计或建设阶段的项目，Project 适用于完整的开发建设项目。
5	住宅设计与施工（LEED for Homes）	适用于独栋、多层或中高层住宅项目，确保建设的家是健康和舒适的。包括：住宅和多户底层（Homes and Multifamily Low Rise）以及多户中高层（Multifamily Mid Rise）。

LEED 评价体系由五大方面，若干指标构成其技术框架，主要从可持续的发展场地、节水、能源利用和环境、材料和资源和室内环境质量几个方面对建筑进行综合考察、评判其对环境的影响，在此基础上，LEED 特别增加一些奖励分，归为一类，称为"设计与创新"得分。符合 7 个评分先决条件，再根据以上 6 个类别内的 34 条标准得分，打分总得分是 110 分。LEED 认证分四个认证等级：

①认证级：40~49 分；
②银级：50~59 分；
③金级：60~79 分；
④铂金级：80 分以上。

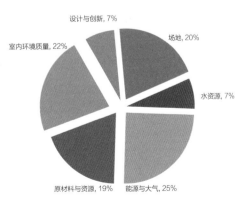

图 5 LEED 的认证等级划分

图 6 LEED 评价体系的权重指标

设计与创新, 7%
室内环境质量, 22%
场地, 20%
水资源, 7%
原材料与资源, 19%
能源与大气, 25%

1.3.3 LEED 体系介绍

1 可持续发展建筑场地 (Sustainable Sites)

开发和建筑施工对当地的景观和自然生态造成严重破坏。雨水径流会影响水质量和水生生物。开发减少了农业生产用地和露天开放场地。选择合适的建筑场地，如选在城区减少城区蔓延和来回交通，在废置用地恢复开发，清洁原来受污染的地区，或靠近公共交通点等，能减少对自然资源的影响。

2 节水 (Water Efficiency)

新鲜、纯净的水是世界上最宝贵的资源。通常开发行为会浪费、污染净水，保护水资源是这个项目必须做到一个重要措施，因为该项目位于一个人口众多的城市，措施包括节水景观和管道设备减少用水。

3 能源利用和环境 (Energy & Atmosphere)

越来越多的证据表明全球变暖是由于燃烧化石燃料和森林面积减少造成的。主要在 CFC 中能发现的氯正造成上层大气层中臭氧层的空洞，使紫外线辐射进入大气层。光化学烟雾危害，一种城市周围形成的由交通工具和燃煤工厂产生的褐色烟雾，正在全球各地不断加剧。由于燃料资源的减少，能源价格正飞速上涨。正是由于上述种种原因，重点应通过降低大楼能源消耗量，调试、测量和证实能源减少量，检查使用不含 CFC 的制冷剂的可能性，考虑使用选择性能源如绿色动力和可更新能源等措施，减少项目能源使用对环境

的影响。

4 材料和资源 (Materials & Resources)

建筑发展的主要问题是原材料的使用和建造过程中废弃物的产生。本项目应使用对环境友好的材料，利用施工废弃物管理计划等措施。

5 室内环境质量 (Indoor Environmental Quality)

越来越多的建筑开发带来糟糕的室内环境质量，包括空气、舒适程度、材料、能见度、声环境和与室外或自然的联系等各方面。同济联合广场将试图通过污染监控、通风、施工室内空气质量计划、材料选择、住户舒适程度、日光照明和视野等，提供高品质的室内环境质量。

6 创新设计方法 (Innovation in Design)

提供设计小组和项目实现高于 LEED 绿色建筑评分系统要求的、和／或项目使用绿色建筑各类别中创新实践的可获得奖励分的机会。

1.3.4 美国"WELL"健康住宅标准

"WELL"是一个基于性能的系统，测量、认证和监测空气、水、营养、光线、健康、舒适和理念等影响人类健康和福祉的建筑环境特征。

GBCI，作为 WELL 和 LEED 的官方认证机构，成功地整合了两个系统的认证与资质鉴定程序，以帮助项目组有效地达成环保与人类健康目标。

WELL 打分方面与其他标准不同，是健康打分；银级在 5~6 分，金级在 7~8 分，铂金级在 9~10 分。目前来说，全球已经有 55 个相关建筑进行了 WELL 认证。

1.4 德国 DGNB 绿色建筑评价体系

1.4.1 DGNB 体系简介

德国 DGNB 可持续评估认证体系是德国可持续建筑委员会（Deutsche Geselschaft für Nachhaltiges Bauen）和德国政府合作研制推出的可持续建筑评估认证标准，第一版本发布于 2008 年，针对不同建筑类型和功能已经开发出了不同的评价标准体系。目前已有认证建筑类型包括：办公与管理建筑、商业建筑、工业建筑、居住建筑、教育建筑、酒店建筑、混合功能建筑、医疗建筑、城市开发区。处于先导试验认证阶段包括：小型住宅建筑、试验室研发建筑、人流聚集型公共建筑（博物馆、会展中心、剧场、市政厅等）、既有办公建筑改造、办公建筑租户装修、商业建筑租户装修、工业开发区等。

2010 年德国政府和德国可持续建筑委员会协商达成共识，德国政府在共同研究成果的基础上推出

BNB 可持续建筑评估体系（Bewertungssystem Nachhaltiges Bauen），用于指导联邦所属和其他公立建筑的建设和实施评估认证；德国可持续建筑委员会继续使用和完善 DGNB（Deutsche Gütesiegel Nachhaltiges Bauen）德国可持续建筑认证体系，负责德国政府项目以外的商业开发项目和国际市场德国可持续建筑认证体系相关的业务与工作。DGNB 与 BNB 的理论与评估系几乎完全一致，只是应用范围对象不同。由于建筑的拥有者和使用者的不同，评估系统侧重点有所不同。本部分重点介绍德国 DGNB 的评价标准。

1.4.2 DGNB 体系简介的制定思路

将地球环境需要保护的群体进行定义和分类，确定"保护体"（Schutzgueter），包括：自然环境和资源、经济价值、健康和社会文化。

针对每一类保护体制定相应的"保护目标"（Schutzziele），即以自然环境和资源为保护对象的目标——环境保护，以经济价值为保护对象的目标——降低生命周期消耗，以及以社会文化与健康为保护对象的目标——保护健康。

以确定的保护目标为指导制定一系列有针对性地评估标准以衡量建筑的生态性、经济性及社会和功能性，同时评价执行和实现这些目标的过程中的技术质量和程序质量，以确保整个建筑从设计建造至运营管理的"绿色质量"。各项技术构成在最终的成果中按其重要性占取相应比例。

图 7 德国 DGNB 可持续建筑认证标准包含六大类评价指标范围

德国 DGNB 可持续建筑认证标准，包含六大类评价指标范围（见图 7），分别是：

生态质量：包括对建筑上所有使用的建筑材料在生产、建造过程中对环境产生负面影响的评估和有害物质的控制，对一次性能源消耗量的严格控制，水资源的节约与高效利用等。

经济质量：包括全寿命周期内的建筑建造、运营、维护更新费用，以及建筑平面使用率、使用灵活性、功能可变性以及价值稳定性等指标因素。

社会文化及功能：包括热工舒适度、空气质量、声学质量、采光照明控制，个性化需求、社会环境以及环境设计的协调。

过程质量：包括设计、施工、经营的管理，能耗管理和材料品质监督。

技术质量：包括防火技术、室内气候环境，控制的灵活性、耐久性和耐候性等。

场地质量：包括基础设施管理、微观和宏观质量控制、风险预测和扩建发展可能等。

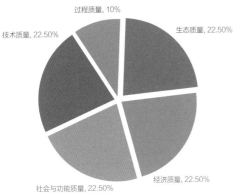

图 8 DGNB 评价体系的权重指标

1.4.3 DGNB 体系评价和等级划分

德国 DGNB/BNB 体系从人类建设活动的根本目的出发，将建设活动的目的划分为三项核心价值体系，它们是自然价值、经济价值和社会价值，分别赋予其 22.5% 的权重，同时认为建筑的技术质量和建设活动的过程质量是保证建筑物质量的重要手段，分别赋予其 22.5% 和 10% 的权重，总体权重是 100%。

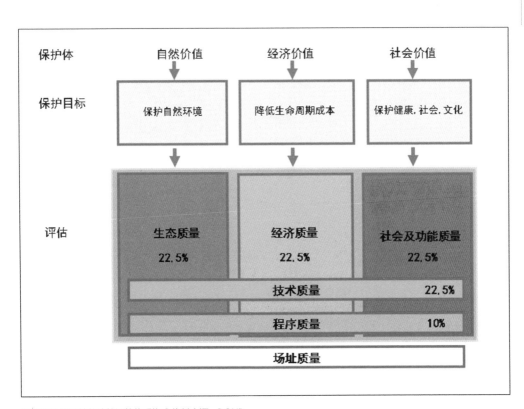

图 9 DGNB 可持续建筑评估体系构成 资料来源：DGNB

DGNB 体系认为，建筑物所在的场地的质量也非常重要，但在业主获得场地时其自然条件、基础设施、周边环境等因素已经确定，业主的建设活动并不能改变场地的质量，因而 DGNB/BNB 对场地质量进行单独评估，分值不计入建筑质量。

在上述评估六大方面的基础上，DGNB 体系设有二级指标体系，对每一条指标都给出明确的测量方法和目标值，依据数据库和计算机软件的支持，评估公式根据建筑已经记录的或者计算出的质量进行评分，每条标准的最高得分为 10 分，每条标准根据其所包含内容的权重系数可评定为 0~7，因为每条单独的标准都会作为上一级或者下一级标准使用。根据评估公式计算出质量认证要求的建筑达标度。评估达标度分为铂金、金、银、铜级。达标度在 35%~49.9% 为铜级，在 50%~64.9% 为银级，在 65%~79.9% 为金级，在 80% 以上为级铂金。(2015 年 8 月开始实施)

最终的评估结果可以应用软件生成罗盘状图形上，各项的分枝代表了被测建筑该项的性能表现，软件所生成的评估图直观的总结了建筑在各领域及

图 10 德国 DGNB 评估软件所生成的评估图直观地显示了建筑在各领域及各个标准的达标情况

各个标准的达标情况，结论一目了然。

DGNB 认证分为两大步骤，分别为设计阶段的预认证和施工完成之后正式认证。

1.4.4 DGNB 体系的细致指标和权重划分
德国 DGNB/BNB 可持续建筑评估体系以评估建筑性能为核心，根据建筑不同使用功能，设有不同的评估类型。对不同类型建筑的评估，在评估体系相同，但在条款细部和权重设置上有所不同。以下是 DGNB 对办公建筑的评估条款及权重表。

德国 DGNB 可持续建筑评估和权重表　　　　表 3

评估领域	指标组别	指标编号	指标名称	权重
生态质量	对全球及区域环境的影响	1.1.1	全球温室效应的影响（GWP）	22.50%
		1.1.2	臭氧层消耗量（ODP）	
		1.1.3	臭氧形成量（POCP）	
		1.1.4	环境酸化形成潜势（AP）	
		1.1.5	化肥成分在环境含量中过度（EP）	
		1.1.6	对当地环境的影响	
		1.1.7	环保建材的使用／木材	
	资源需求	1.2.1	一次性能源的需求（Pnren）	
		1.2.2	可再生能源所占比重	
		1.2.3	自来水需求和废水量	
		1.2.4	土地使用	
经济质量	全生命周期成本	2.1.1	全生命周期的建筑成本与费用	22.50%
	价值变化	2.2.1	灵活性和改变用途的可能性	
社会文化和功能质量	健康、舒适度及使用者满意度	3.1.1	冬季热工舒适性	22.50%
		3.1.2	夏季热工舒适度	
		3.1.3	室内空气质量	
		3.1.4	声学舒适性	
		3.1.5	视觉舒适性	
		3.1.6	使用者的干预与可调性	
		3.1.7	室外空间质量	
		3.1.8	安全性和故障风险	
	功能性	3.2.1	无障碍设计	
		3.2.2	平面使用效率	
		3.2.3	使用功能可改性与适用性	
		3.2.4	公共可达性	
		3.2.5	自行车使用舒适性	
	美学质量	3.3.1	规划和设计方案的质量	
		3.3.2	建筑上的艺术设施	
技术质量	技术实施质量	4.1.1	噪声防护	22.50%
		4.1.2	围护结构保温防潮性能	
		4.1.3	建筑的易于清洁与维护性能	
		4.1.4	易于拆除和循环使用	
过程质量	设计质量	5.1.1	项目准备质量	10.00%
		5.1.2	整合设计	
		5.1.3	设计优化和完整性	
		5.1.4	标书编制和招标过程	
		5.1.5	创造理想的建筑使用和运营条件	
	建造质量	5.2.1	建筑工地／建造过程	
		5.2.2	建造质量	
		5.2.3	系统性的验收调试	

评估领域	指标组别	指标编号	指标名称	权重
场地质量	场地质量	6.1.1	场地区域风险	
		6.1.2	场地区域条件	
		6.1.3	街区特点	
		6.1.4	交通联系	
		6.1.5	临近与建筑功能相关的服务设施	
		6.1.6	公共基础设施	

1.4.5 DGNB 体系建筑的碳排放量计算

德国 DGNB 可持续建筑评估技术体系对建筑的碳排放量提出完整明确的计算方法，在此基础之上提出的碳排放度量指标 (Common Carbon Metrics) 计算方法，所确定的建筑碳排放量单位是每平方米建筑面积每年排放二氧化碳当量的公斤数 (kg CO_2- Equivalent / $m^2 \cdot$ y)。

建筑的碳排放量表现在建筑全寿命周期中一次性能源的消耗，进而排放出二氧化碳气体。DGNB 体系对建筑物碳排放量首次提出了系统而可操作的计算方法。建筑全寿命周期主要表现在建筑的材料生产与建造、使用期间能耗、维护与更新、拆除和重新利用这四大方面。建筑物的碳排放四大方面与计算方法分别为：

1. 材料生产与建造：考虑原料提取、材料生产、运输、建造等各方面过程中的碳排放量。计算方法是根据 DIN276 体系将建筑分解，按结构与装修的部位及构造区分对待，计算所有应用在建筑上 KG300 和 KG400 组别的建筑材料及建筑设备的体积，考虑材料施工损耗及材料运输等因素，与相关数据库进行比较，得出每种材料和设备在其生产过程中相应产生的二氧化碳当量。所用应用在建筑上的材料碳排放量相加得出总量。材料碳排放量的计算时间按 100 年考虑，每年的碳排放量即为其 1/100。这样就可计算出建筑物的材料生产与建造部分每年的碳排放量。

2. 使用期间能耗：主要包含建筑采暖、制冷、通风、照明等维持建筑正常使用功能的能耗。对于建筑使用部分的碳排放量计算，要根据建筑在使用过程中的能耗，区分不同能源种类（石油、煤、电、天然气及可再生能源等），计算其一次性能源消耗量，然后折算出相应的二氧化碳排放量。

3. 维护与更新：指在建筑使用寿命周期内，为保证建筑处于满足全部功能需求的状态，为此进行必要的更新和维护、设备更换等。材料和设备的寿命与更新及维护间隔频率，按照 VDI2067 和德国可持续建筑导则（Leitfaden Nachhaltiges Bauen）相关规定计算。计算所有建筑使用周期内（按 50 年计算）需要更换的材料设备的种类体积，对比相关数据库，可以得到建筑在使用寿命周期内维护与更新过程中的碳排放量数据。

4. 拆除和重新利用：DGNB 对建筑达到使用寿命周期终点时的拆除和重新利用的二氧化碳排放量计算采用如下方法，将建筑达到使用寿命周期终点时所有建筑材料和设备进行分类，分为可回收利用材料和需要加工处理的建筑垃圾。对比相应的数据库，可以得到建筑拆除和重新利用过程中的碳排放量数据。

1.5 日本 CASBEE 绿色建筑评价体系

1.5.1 日本 CASBEE 体系简介

CASBEE(Comprehensive Assessment System for Building Environment Efficiency) 是 一 种对建筑以及周边环境性能进行评估的绿色建筑标准，2001 年在日本国家房屋局（MLIT 的附属部门）的支持下，由企业、政府、学术界联合组成的"日本可持续建筑协会"（JSBC）合作研究的成果。发展迅速，已经从 CASBEE2001 更新到 CASBEE2010。

图 11 CASBEE 认证建筑的认证标识

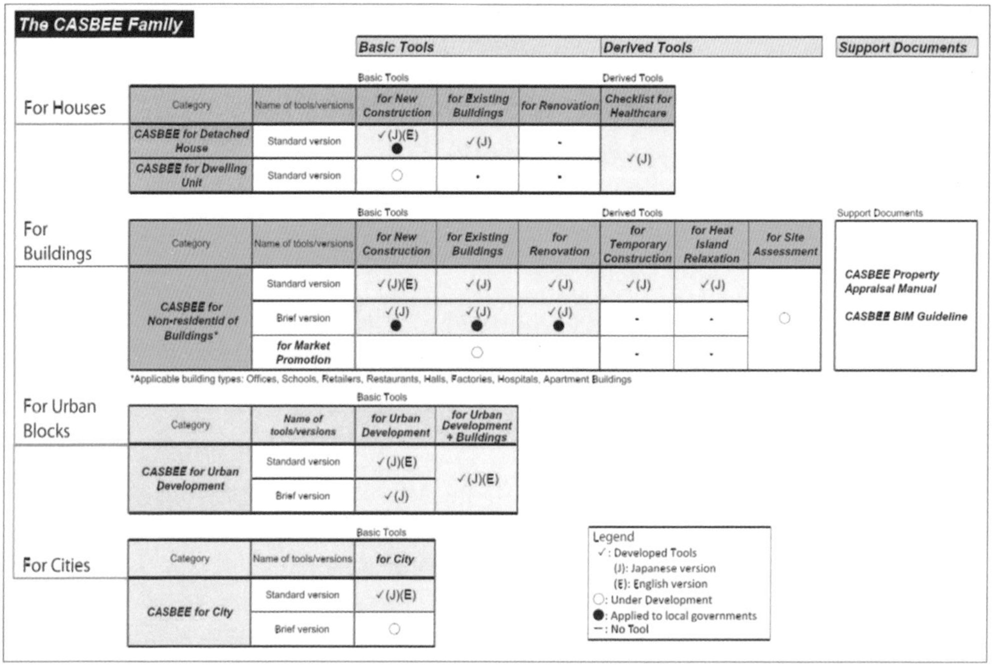

The CASBEE Family								
			Basic Tools			**Derived Tools**		**Support Documents**
For Houses			Basic Tools			Derived Tools		
	Category	Name of tools/versions	for New Construction	for Existing Buildings	for Renovation	Checklist for Healthcare		
	CASBEE for Detached House	Standard version	● ✓(J)(E)	✓(J)	-	✓(J)		
	CASBEE for Dwelling Unit	Standard version	○	-	-			

For Buildings			Basic Tools			Derived Tools			Support Documents
	Category	Name of tools/versions	for New Construction	for Existing Buildings	for Renovation	for Temporary Construction	for Heat Island Relaxation	for Site Assessment	
	CASBEE for Non-residentid of Buildings*	Standard version	✓(J)(E)	✓(J)	✓(J)	✓(J)	✓(J)		CASBEE Property Appraisal Manual
		Brief version	● ✓(J)	● ✓(J)	● ✓(J)			○	CASBEE BIM Guideline
		for Market Promotion	○						

*Applicable building types: Offices, Schools, Retailers, Restaurants, Halls, Factories, Hospitals, Apartment Buildings

For Urban Blocks			Basic Tools		
	Category	Name of tools/versions	for Urban Development	for Urban Development + Buildings	
	CASBEE for Urban Development	Standard version	✓(J)(E)	✓(J)(E)	
		Brief version	✓(J)		

For Cities			Basic Tools	
	Category	Name of tools/versions	for City	
	CASBEE for City	Standard version	✓(J)(E)	
		Brief version	○	

Legend
✓ : Developed Tools
(J): Japanese version
(E): English version
○ : Under Development
● : Applied to local governments
- : No Tool

图 12 CASBEE 评价工具和手册

这是一个全面的建筑质量评估标准，包括对室内舒适度、附属环境和建筑做法的评价，采用对环境影响小的材料和设备，并节约能源。目前，CASBEE 针对独立住宅、新建建筑、城市发展和城市街区形成了四大评价工具，构成了一个较为完整的体系，如图 12 所示。CASBEE 评价分为五个等级：优（S），很好（A），好（B+），稍差（B）和差（C）。

1.5.2 日本 CASBEE 评估体系

CASBEE 是由日本工业界、学术界和政府部门合作，于 2001 年 4 月开始研发，2005 年推出的 CASBEE 认证系统。CASBEE 作为一种自愿基础评价工具，广泛用于建筑公司、设计院、房地产开发商等以检查其建筑的环境性能。

CASBEE 评估体系包含两大部分，建筑环境质量与性能 (Q) 与建筑环境负荷 (L)，按照类别分别进行评估。其中，建筑环境质量与性能包括：室内环境、服务性能、室外环境；建筑环境负荷包括：能源、资源与材料、建筑用地环境。

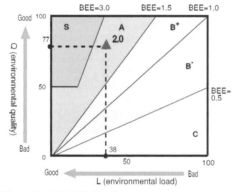

图 13 建筑环境效率值（BEE）

使用 BEE 可使建筑环境性能评估结果更简单、更清晰地呈现。通过绘制横轴上的 L 和纵轴上的 Q，在图上表示出 BEE，价值评估结果表示为穿过原点（0，0）的直线，见图 13。

质量越高、负荷越低，则梯度越大，建筑的可持续性也就越高。使用这种方法，可以图形方式呈现的建筑环境评估的结果。图中显示了如何将评估结果用于建筑的等级划分。每一个等级对应于表 4 所示的评估表，表示为一个明确的数。

充分体现了可持续建筑的理念，即"通过最少的环境载荷达到最大的舒适性改善"，使得建筑物环境效率评价结果更加简洁、明确。

参评项目通过建筑环境质量和建筑环境负荷中各个子项得分乘以它们所对应权重系数，分别计算出 SQ 与 SL。评分结果显示在细目表中，可计算出建筑物的环境性能效率，即 BEE（Building Environmental Efficiency）值，BEE=SQ/SL。

BEE 值和 CASBEE 的评估等级　　　　表 4

等级	评估	BEE 值	表述
S	Excellent	BEE ≥ 3.0，Q ≥ 50	★★★★★
A	Very good	3.0 > BEE ≥ 1.5	★★★★
B+	Good	1.5 > BEE ≥ 1.0	★★★
B-	Slightly poor	1.0 > BEE ≥ 0.5	★★★
C	Poor	BEE < 0.5	★

1.5.3 日本 CASBEE 体系评估方法（以 CASBEE NC 为例）

建筑环境质量 Q 的评估项目　表 5

类别	项目	
Q1：室内环境质量	1. 声环境	1.1 噪声
		1.2 隔声性能
		1.3 吸声性能
	2. 热舒适	2.1 房间温度控制
		2.2 湿度控制
		2.3 空调系统类型
	3. 采光和日照	3.1 日光
		3.2 防眩光措施
		3.3 照度水平
		3.4 光可控性
	4. 空气质量	4.1 源控制
		4.2 通风性能
		4.3 运行操作
Q2：服务质量	1. 服务能力	1.1 功能和可用性
		1.2 设施
		1.3 维持
	2. 耐久性和可靠性	2.1 抗震性能
		2.2 组件的使用寿命
		2.3 可靠性
	3. 灵活性和适用性	3.1 空间裕度
		3.2 楼面荷载裕度
		3.3 可再生性
Q3：室外环境质量（场内）	1. 保护 & 创造生物环境	
	2. 城市景观 & 风景	
	3. 局部特色和室外设施	3.1 注重局部特色和舒适性的改善
		3.2 场内热环境的改善

建筑环境负荷减少量 LR 的评估项目　表 6

类别	项目	
LR1：能源	1. 建筑外表面热负荷的控制	
	2. 自然资源的利用	
	3. 建筑系统的运行效率	
	4. 操作效率	4.1 监控
		4.2 操作和管理系统
LR2：资源和原材料	1. 水资源	1.1 节水
		1.2 雨水和中水
	2. 减少使用不可再生资源	2.1 减少材料的使用量
		2.2 继续使用现有的结构框架等
		2.3 结构材料使用循环材料
		2.4 非结构材料使用循环材料
		2.5 木材来自可持续木业
		2.6 努力提高组件和材料的可重用性
	3. 避免使用有污染的材料	3.1 使用无伤害物质的材料
		3.2 淘汰氯氟烃和哈龙
LR3：场外环境质量	1. 思考全球变暖	
	2. 注重当地环境	2.1 空气污染 2.2 热岛效应 2.3 当地基础设施的负载
	3. 注重周边环境	3.1 噪声、振动和气味
		3.2 风沙危害 & 光线遮挡
		3.3 光污染

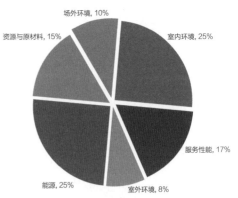

图 14　CASBEE 评价体系的权重指标

1.5.4 日本 CASBEE 体系应用情况

截至 2015 年 4 月，CASBEE 认证建筑总数是超过 450 栋。

CASBEE 在日本地方政府方面获得广泛应用。日本地方政府将 CASBEE 系统列为其改善环境的措施，鼓励绿色建筑。各地方政府要求业主在工程建设项目开工前提交的项目 CASBEE 评估报告。截至 2014 年 3 月对地方政府提交报告的数量是超过 14000 栋。详细信息如表 7 所示。

CASBEE 评价标准的应用情况 表7

	地方政府名称	最小的建筑楼面面积（m²）	实施日期	报告编号（本财年）										合计
				2004	2005	2006	2007	2008	2009	2010	2011	2012	2013	
1	名古屋市	2,000	2004.04	148	234	211	229	173	100	152	157	167	187	1,758
2	大阪市	2,000	2004.10	41	118	97	109	73	54	68	73	203	254	1,090
3	横滨市	2,000	2005.07		93	123	113	102	39	172	178	150	220	1,190
4	京都市	2,000	2005.10		21	104	93	67	63	67	74	109	115	713
5	京都府	2,000	2006.04			37	45	33	37	43	40	16	40	291
6	大阪府	5,000	2006.04			95	101	115	108	106	89	122	224	960
7	神户市	2,000	2006.08			67	135	102	67	75	89	94	99	728
8	兵库县	2,000	2006.10			82	163	188	146	165	144	176	184	1,248
9	川崎市	2,000	2006.10			38	47	40	38	52	49	82	104	450
10	静冈县	2,000	2007.07				120	222	136	163	183	169	195	1,188
11	福冈市	5,000	2007.10				18	37	31	30	33	48	59	256
12	札幌市	2,000	2007.11				20	77	32	78	90	105	141	543
13	北九州市	2,000	2007.11				5	18	14	18	25	20	21	121
14	埼玉市	2,000	2009.04						44	67	55	62	61	289
15	埼玉县	2,000	2009.10						43	165	216	214	267	905
16	爱知县	2,000	2009.10						80	136	177	200	196	789
17	神奈川县	2,000	2010.04							59	73	94	140	366
18	千叶市	2,000	2010.04							11	17	39	42	109
19	鸟取县	2,000	2010.04							31	14	23	16	84
20	新潟市	2,000	2010.04							31	38	49	29	147
21	广岛市	2,000	2010.04							58	62	63	83	266
22	熊本县	2,000	2010.10							29	84	89	107	309
23	柏市	2,000	2010.11							8	18	32	47	105
24	堺市	2,000	2011.08								11	65	67	143
合计														14,048

2. 国际绿色建筑组织机构

2.1 世界各国绿色建筑组织机构综述

随着绿色建筑越来越受到世人的关注，发达国家都陆续成立了绿色建筑委员会（Green Building Council），并借鉴 BREEM 和 LEED 绿色建筑评估体系、结合本国具体情况相继推出了各自的绿色建筑评价体系。各国的绿色建筑委员会多数是由房地产和建筑领域相关企业和机构组建而成，部分国家绿色建筑委员会有政府背景机构参与。除欧美发达国家之外，亚洲、非洲、拉丁美洲的许多国家也学习借鉴发达国家经验，相继成立了自己的绿色建筑委员会。世界上主要发达国家绿色建筑组织机构、采用的绿色建筑评估体系名称及其官方网站见表 8。

世界主要发达国家绿色建筑组织机构及所采用的绿色建筑评估体系　　　　表 8

序号	国家	绿色建筑组织机构	采用评估体系名称	官方网站
1	英国	BRE	BREEAM	www.breeam.org
2	德国	GSBC	DGNB	www.dgnb.de
3	法国	France gbc	HQE	www.francegbc.fr / www.behqe.com
4	荷兰	DGBC	BREEAMNL	www.dgbc.nl
5	瑞士	SGNI	DGNB	www.sgni.ch
6	奥地利	OeGNI	DGNB	www.ogni.at
7	丹麦	GBCD	DGNB-DK	www.dk-gbc.dk
8	瑞典	SGBC	BREEM/LEED	www.sgbc.se/
9	芬兰	GBC Finland	GB Tool	http://figbc.fi/en/gbc-finland
10	西班牙	GBCe	LEED/DGNB	www.gbce.es
11	意大利	GBC Italia	LEED Italia	www.gbcitalia.org
12	美国	USGBC	LEED	www.usgbc.org
13	加拿大	CaGBC	LEED	www.cagbc.org
14	澳大利亚	GBCA	Green Star	www.gbca.org.au
15	日本	JSBC	CASBEE	www.ibec.or.jp/CASBEE/english
16	新加坡	SGBC	DBA GREEN MARK	www.sgbc.sg

资料来源：卢求整理

2.2 世界主要发达国家绿色建筑组织机构简介

2.2.1 英国建筑研究院（BRE）

英国绿色建筑评估体系 BREEM 的研发和所有者是英国建筑研究院 (Building Research Establishment，简称 BRE)，它是英国一家进行建设和建筑环境研究、咨询和测试研究机构，原先是英国政府研究机构，现在已转变成为一家私人机构。总部设在沃特福德（Watford），在格拉斯哥（Glasgow）和斯旺西（Swansea）设有分支机构。

BRE 的工作领域包括参与编制英国国家和国际标准和建筑规范，包括英国建筑规范（UK Building Regulations.）。BRE 目前的经费来源包括其开展的商业项目、BRE 书店、委托研究工作以及通过投标获得的政府和工业界项目的收入。BRE 还拥有 UKAS 认可的测试实验室。

BRE 拥有和经营的 BREEAM 和生态之家（Eco Homes）评估认证体系，并负责促进德国超低能耗被动房建筑标准在英国推广。它也提供绿色建筑相关培训课程。

BREEAM 系统被应用于世界上 60 多个国家，

在一些欧洲国家中进一步发展了与其国家特点相适应的 BREEM 体系，并有其所在国所属机构运行包括：在荷兰、西班牙、挪威、瑞典、德国、奥地利、瑞士卢森堡等国家。其机构英文名称如下：

The Netherlands – the Dutch Green Building Council operates（BREEAM NL）；

Spain – the Instituto Tecnológico de Galicia operates（BREEAM ES www.breeam.es）；

Norway – the Norwegian Green Building Council operates（BREEAM NOR）；

Sweden – the Swedish Green Building Council operates（BREEAM SE）；

Germany – the German Institute for Sustainable Real Estate (DIFNI) is operating（BREEAM DE）；

Austria – DIFNI is operating（BREEAM AT）；

Switzerland – DIFNI is adapting（BREEAM CH）；

Luxembourg – DIFNI is adapting（BREEAM LU）。

2.2.2 德国可持续建筑委员会（DGNB）

德国可持续建筑委员会 (Deutsche Gesellschaft für Nachhaltiges Bauen e.V.，德文缩写 DGNB) 成立于 2006 年，是德国可持续建筑及房地产行业最大的非营利性机构，目前有超过 1100 家会员，来自大型投资与开发企业、工程建设及设计企业、研究机构和地方政府。DGNB 也是德国在世界绿色建筑委员会 (WGBC) 中的代表机构。

德国可持续建筑委员会 2008 年首次推出了世界上第二代绿色建筑评估标准——德国可持续建筑认证标准 DGNB，并在之后不断进行更新完善。

德国可持续建筑委员会及其下属机构负责 DGNB 标准的运营、认证、教育培训等，总部在斯图加特。

DGNB 系统被应用于世界上包括欧洲、亚洲、美洲、拉丁美洲等众多国家，并在许多国家建立了合作推广应用 DGNB 系统的网络，一些国家进一步发展了与其国家特点相适应的 DGNB 体系。

2.2.3 法国绿色建筑委员会（France-GBC）与法国高质量环境协会 (ASSOHQE)
法国绿色建筑委员会（France-GBC）是世界绿色建筑委员会成员，汇集了法国境内 100 余家绿色建筑组织，是法国可持续建设、改造和城市规划发展的主导力量。

法国 GBC 是交流论坛汇集了个人和公司，其活动涉及关联的对象，特别是公共和私人发展商、项目管理、承建商、制造商和贸易公司、用户、银行、保险公司、投资者、物业公司、能源和环境的生产和服务、维修、培训、咨询、研究、评价和核查，协会和其他机构共同参与绿色建筑相关咨询。

法国 GBC 的服务对象是负担得起建设可持续建筑建设的公司，目前 BIM、房地产和建筑公司等比较活跃。

另外，法国还有高品质环境评价体系 HQE (High Quality Environmental standard)，该体系是一套定义、实现以及评估绿色建筑环保性能的认证体系，由巴黎的高质量环境协会 (ASSOHQE) 于 1992 年颁布，得到法国绿色建筑委员会（FGBC）的推广。目前 HQE 在法国以及世界上已经形成了市场，由于在法国得到 HQE 认证的建筑的出租率较一般建筑高，法国多数建筑已经自愿申请 HQE 绿标，在

HQE™, has now spread worldwide, with

Over 266 000 projects.

and more than 43 billions m² certified.

世界上已经超过 26 万个项目得到认证，面积超过430 亿 m²（资料来源：官方网站 www.behqe.com）。

2.2.4 荷兰绿色建筑委员会（DGBC）

荷兰绿色建筑委员会（DGBC）是致力于建筑环境的可持续发展的一个独立的非营利性组织，在世界绿色建筑协会的倡议下，成立于 2008 年 6 月，目前是荷兰规模最大、网络最广的绿色可持续建筑协会。

DGBC 促进循环经济，以建造健康、舒适的工作和生活环境为目的，在这过渡阶段将起到重要作用，并得到各级政府和大学的支持。

在荷兰，采用的是英国 BREEAM 作为其绿色建筑评级工具，DGBC 负责培训评估师以及颁发许可证，并承担起评级的任务。

2.2.5 瑞士可持续房房地产协会（SGNI）

瑞士可持续房房地产协会（SGNI, Swiss Association for a Sustainable Real Estate Industry）成立于 2010 年，是一个非营利性组织，是世界绿色建筑委员会（World GBC）的成员。

它旨在促进建筑的可持续性和建筑环境规划、建设、运营的整个生命周期和使用以及对可见光作出衡量。其目的是创造有吸引力和多样化的生态环境，在满足经济、社会文化、功能等各方面需求的同时，能够与自然和谐共处，达到典型平等均衡的状态。可持续发展的平衡是指节约我们现有的资源，提供高生活质量的同时，确保长期和未来可持续的发展价值。

在瑞士，绿色建筑评估认证体系采用德国 DGNB 标准，可持续发展的措施包括生态、经济、社会文化、功能、技术工艺和位置的六个方面。

2.2.6 奥地利可持续房地产协会（OGNI）

奥地利可持续房地产协会（OGNI）成立于 2012 年，协会成员有 250 多家知名企业。OGNI 致力于引领可持续建筑的发展，逐步使奥地利建筑市场向可持续方向发展。可持续建筑的发展目标是达到环境友好型、资源节约型、尊重健康、福利和用户性能。

该协会创造了可持续发展的理念，为建筑的可持续性设立了标准，推动了房地产的可持续性发展，管理和运营理念先进，通过个人、流程、产品推动可持续发展。

在国际上，OGNI 是国际绿色建筑协会的成员，采用德国 DGNB 作为可持续建筑评价的标准，并为可持续建筑提供审计咨询服务。OGNI 的服务对象包括所有的房产类型，城市与区域发展以及建筑和房地产相关领域，如金融，房地产估价和建筑材料。

2.2.7 丹麦绿色建筑委员会（DK-GBC）

丹麦绿色建筑委员会（DK-GBC）是一个独立的非营利性组织，并作为环保和可持续建设一个独立的整体理事会。该组织是非营利性，并通过会员和赞助机构支付。

DK-GBC 采用 DGNB 作为绿色建筑的评价标准。为可持续发展的认证计划提供了必要的框架，并提供新的建筑和房地产行业的建设标准，以可持续的方式改造和完善现有物业。现有建筑应加以改进，以尽可能达到最佳效果，并传播建筑和建筑行业领域的现有知识。

2.2.8 瑞典绿色建筑委员会（SGBC）

瑞典绿色建筑委员会（SGBC）是一个由会员拥有的非营利性组织，成立于 2009 年 6 月，涉及瑞典建筑和房地产行业内的所有企业和组织。该协会推动绿色建筑和开发，并在行业内改善环境和可持续发展的工作。2011 年 11 月 15 日加入了 World GBC，并于一年后成为正式成员。

通过协会，以满足公众需要为基础，清晰表现建筑物的环保性能以及质量保证的信息，并提高瑞典的技术和专业知识以提高市场竞争力。SGBC 的经营按照世界绿色建筑委员会规定的规则和意图，包括：

提供、开发和推广认证体系，使之成为国家和世界绿色建筑评价的标杆，使用 BREEAM 和 LEED 评价标准。

提供认证、课程和研讨会 / 会议，推广绿色建筑，实现建筑的可持续发展。

有助于推动绿色建筑领域的相关国家法律的支持。通过认证的绿色建筑，可以得到相关的奖励和报酬。

2.2.9 芬兰绿色建筑委员会 (GBC Finland)

芬兰绿色建筑委员会 (GBC Finland) 成立于 2010 年 4 月，委员会有 29 个创始成员组织，由六名成员的董事会领导。芬兰绿色建筑委员会是世界绿色建筑委员会的成员协会，作为国际绿色建筑理事会，汇集了可持续发展的知识和专门知识，在国内和国际上代表芬兰绿色建筑的成员地位。芬兰 GBC 重点是鼓励和促进可持续建筑发展的做法和方法的使用，并作为对话和业内的信息以及知识共享的平台。芬兰 GBC 努力使可持续发展的房地产和建筑业成为自然生态的一部分，通过采取节能和环保的措施，并考虑业主、投资者、用户、建设者的利益，发展绿色建筑，对芬兰的建成环境将产生显著的好处。

芬兰 GBC 提倡和促进新的以及创新的解决方案，并提供公开的信息以及组织成员在决策过程的研究成果，在可持续发展、信息服务发展领域为其会员提供培训。同时，芬兰 GBC 也对如何适应国际环境认证，例如美国 LEED 标准、英国 BREEAM 标准等，为芬兰房地产行业带来了一个国家的视角，促进了绿色建筑在芬兰的发展。

2.2.10 西班牙绿色建筑协会（GBCe）

西班牙绿色建筑协会（GBCe）是一个汇集了所有建筑相关利益者的组织，以促进建筑市场转型，以促进建筑可持续发展的非营利性协会。

GBCe 致力于传统建筑领域向可持续发展建筑转变，提供国际上最新和可比较的方法与工具，促进关于建筑物的可持续性的评估和评价活动的开展。

根据这一承诺，GBCe 拥有符合国际环保评级工具协议，在建设发展的所有阶段寻找更多纳入可持续发展、能源效率、尊重环境的原则。在西班牙，采用 LEED 和 DGNB 作为绿色建筑的评价标准。

2.2.11 意大利绿色建筑委员会（GBC Italia）

意大利绿色建筑委员会（GBC Italia）为 WGBC 的成员国，成立于 2008 年 1 月 28 日，是一个非营利性协会，与美国绿色建筑委员会是合作伙伴。其目标有：

促进和加快可持续建筑的发展，推动建筑市场的转型；
评估绿色建筑物的建造以及设计方法对市民的生活质量的影响；
为绿色建筑提供明确的标准；
通过创造可持续建筑的社区鼓励行业之间的比较。
由于和美国绿色建筑协会建立合作关系，GBC Italia 建立了适合于意大利并且独立的认证体系 LEED，依据相关参数和明确的标准进行设计和建造建筑，节能能源并减少对环境的影响。

2.2.12 美国绿色建筑委员会 (USGBC)

美国绿色建筑委员会 (U.S. Green Building Council，英文缩写 USGBC)，成立于 1993 年，是基于会员资格的民间非营利组织，目的是促进可持续性建筑设计、建设和运营。美国绿色建筑委员会推出了世界知名的 LEED 绿色建筑评估系统，每年举办世界上最大规模的绿色建筑大会。美国绿色建筑委员会是世界绿色建筑委员会 (World GBC) 的八个创始成员机构之一。

美国绿色建筑委员会有 13000 家会员，包括开发、建设企业、非营利组织、教师、学生、国会议员和致力于环保事业的公民等。

美国绿色建筑委员会 (USGBC) 及其下属机构负责 LEED 标准的运营、认证、教育培训等总部在华盛顿。

2.2.13 加拿大绿色建筑委员会 (CaGBC)

加拿大绿色建筑委员会 (Canada Green Building Council，简称 CaGBC) 成立于 2003 年。在此之前，加拿大以不列颠哥伦比亚省分部的形式参加了美国绿色建筑理事会 (USGBC)。

加拿大绿色建筑委员会 CaGBC 是世界绿色建筑委员会的成员。

加拿大绿色建筑委员会采用 LEED 绿色建筑评级系统，其任务是在整个加拿大领导并加快转变到高性能的、健康的绿色建筑、家庭和社区。

加拿大绿色建筑委员会的总部设在渥太华。

2.2.14 澳大利亚绿色建筑委员会（GBCA）

澳大利亚绿色建筑委员会（GBCA）成立于 2002 年，致力于通过鼓励绿色建筑实践，为澳大利亚国家制定一个可持续发展的房地产行业。目前，在澳大利亚绿色建筑领域，它是唯一得到全国工业和各级政府支持的协会。

使命：绿色建筑委员会的任务是制定一个可持续发展的房地产行业，推动采用绿色建筑的做法，通过以市场为基础的解决方案，带动澳大利亚绿色建筑的发展。

目标：其主要目标是通过促进绿色建筑项目、技术、设计实践和操作的集成，以及促使绿色建筑的设计、施工和运营的整合成为主流，带动澳大利亚房地产行业实现可持续性发展的过渡。

在澳大利亚，通过绿色之星（Green Star）来评

Introducing Green Star

Inspiring innovation

Encouraging environmental leadership

Building a sustainable future

greenstar Developed by the Green Building Council of Australia

价绿色建筑，它是国际公认的评价绿色建筑的标准之一。从单体建筑到整个社区，绿色之星正在改变澳大利亚的建筑环境的设计，建造和运行的方式。

绿色之星由澳大利亚绿色建筑委员会于 2003 年推出，绿星是澳大利亚针对建筑和社区唯一的国家级、自愿的评价体系，同时是建筑设计和建造中最值得信赖的绿色建筑标志。评估类型包括：社区（Community）、设计及竣工（Design & As Built）、室内设计（Interior）和建筑性能（Performance）。

目前，建筑环境是温室气体排放中最大的贡献者，同时也消耗了约三分之一的水并产生了 40% 的废弃物。绿色之星正在帮助改善建筑环境的效率，同时提高生产率，创造就业机会，提高社区的健康和福祉。无论你是一个业主、经营者或租户，都将因此收益。

2.2.15 日本可持续建筑协会 (JSBC)

日本可持续建筑协会（JSBC），作为世界绿色建筑委员会 (World GBC) 会员，成立于 2009 年，总部位于东京。

日本可持续建筑协会（Japan Sustainable Building Consortium，英文简称 JSBC）是日本绿色建筑评估体系 CASBEE 的研发和拥有机构之一，另一个是日本绿色建筑协会（JaGBC）。

在日本，应用的绿色建筑评价标准为 CASBEE。CASBEE 评估体系包含两大部分，建筑环境质量与性能 (Q) 与建筑环境负荷 (L)，按照类别分别进行评估。其中，建筑环境质量与性能包括：室内环境、服务性能、室外环境;建筑环境负荷包括：能源、资源与材料、建筑用地环境。

2.2.16 新加坡绿色建筑委员会（SGBC）

新加坡绿色建筑委员会（SGBC）于 2009 年 10 月 28 日正式启动，作为一个协调公私部门关系的唯一非营利性组织，实现了世界级的和可持续的建筑环境在新加坡的发展，于 2010 年成为世界绿色建筑委员会(World GBC)的第一个亚洲成员。我们的主要任务是倡导绿色建筑的设计、实践和技术，并在建筑行业推动环境的可持续发展。

SGBC 在 2011 年 1 月推出了针对绿色建筑产品的第一个认证计划，是新加坡第一个专门针对绿色建筑相关的产品和服务的认证机构，并支持新加坡建设局（BCA）的绿色建筑标志计划，采用Green Mark 作为绿色建筑评估标准。

新加坡建设局是国家发展部下属的一个机构，倡导新加坡优良的建筑环境的发展。"建筑环境"指的是建筑物、构筑物和基础设施。新加坡建设局在环境中提供设置社区的活动，使命是"塑造一个安全、优质、可持续的和友好的建筑环境"，目标是建设"一个面向未来的建筑环境的新加坡"。

新加坡的绿色建筑计划始于 2005 年，建设局当时推出了自愿性质的绿色建筑标志（Green Mark）认证，考核的指标包括节能、节水、环保、室内环境质量和其他绿色特征与创新五方面。自2008 年起，所有新建建筑以及部分既有建筑开始被纳入强制认证的范畴。Green Mark 由高到低分为四个评级标准：白金级、超金级、黄金级和认证级，对建筑节能的要求从 35% 至 15% 不等。

2.2.17 世界绿色建筑委员会 (World GBC)

世界绿色建筑委员会（World Green Building Council ）英文简称 World GBC，网址：www. worldgbc.org。成立于 2002 年，总部设在加拿大多伦多。世界绿色建筑委员会 (World GBC) 是由美国、加拿大、澳大利亚等国家绿色建筑委员会发起成立的一个非营利的组织，它是由世界上多个联盟国家绿色建筑委员会 (GBCs) 组成的绿色建筑机构，目前有 100 多个国家的成员组织，每个国家或地区限一个组织代表参加。

它是影响绿色建筑市场最大的国际组织。它也代表了超过 3 万的房地产企业和建筑公司。 World GBC 支持现有和新兴的绿色建筑委员会，并为他们提供工具和战略，以促进在全球各地的绿色建筑发展。World GBC 还关注气候变化等全球问题。

德国既有建筑绿色改造标准研究①

文：德国可持续建筑委员会（DGNB）国际部董事
　　洲联集团·五合国际 副总经理 卢求
　　中国建筑科学研究院认证中心 佟晓超

1. 德国既有建筑现状及相关标准综述

1.1 德国既有居住建筑现状

根据德国联邦统计局（Destatis）2012 年统计年鉴数字，德国存量建筑分布情况如下：

独立及双拼住宅 1510 万栋，集合住宅 310 万栋，非住宅建筑 180 万栋。其中住宅建筑共 35.61 亿 m²，每套住宅平均 86.9m²。

根据德国能源署（DENA）2012 年数据，德国独立及双拼住宅能耗量占建筑总能耗量 41%，集合住宅能耗量占建筑总能耗量 24%，非住宅建筑能耗量占建筑总能耗量 35%。其中独立及双拼住宅虽然居住人口小于集合住宅，但由于每户面积大，单位面积能耗量大，其能耗量远大于集合住宅能耗量。

2010 年德国建筑能耗总量为 968TWh（含采暖、制冷、通风、照明、热水），占德国总能耗的 38%。

德国存量居住建筑及其能耗情况　　表 1

	分类	数值
2011 年德国住宅建筑	居住建筑数量	1820 万栋
	住宅套数	居住建筑中 3970 万套 居住建筑和非居住建筑中总计 4050 万套
	居住建筑中的居住面积	34.5 亿 m²
2011 年德国独栋和双拼住宅占存量住宅的比例	独栋及双拼住宅占所有居住建筑的 82%	
	独栋及双拼住宅占所有住宅套数的 47%	
	独栋及双拼住宅占德国总住宅面积的 59%	
2011 年德国住宅建筑中采暖及热水能源耗费所占比例	独栋及双拼住宅	约占总量 63%（其中自用住宅 44%，独栋及双拼中出租住宅 19%）
	集合住宅	约占总量 37%（其中自用住宅 5%，个人出租房 16%，公司出租房 16%）
2011 年德国住宅建筑年限	1979 年之前建造	占总量的 70%
老住宅建筑的保温系统（1978 年之前的建筑 - 是否有保温层，统计时间 2010 年）	外墙保温层	28% 的老建筑有
	屋顶或顶层保温	62% 的老建筑有
	地下室屋面或地板保温	20% 的老建筑有

资料来源：德国能源署（dena）

1.2 德国既有非居住类建筑现状

①：本文是作者参加"十二五"国家科技支撑计划"国外既有建筑绿色改造标准与工程"课题研究时的结题成果

（1）德国既有非居住类建筑分类及围护结构和建筑设备应用情况

德国交通建设与城市发展部对德国既有建筑进行了系统调研，并于 2011 年公布了研究报告《德国既有非居住建筑分类与能耗研究》，该报告选取两百多份建筑样本，对德国以下八类非居住建筑能耗进行了研究，样本不包括宗教建筑和农村建筑。

非居住建筑分类　　表 2

编号	建筑分类
1	教育建筑 中小学校、幼儿园、高等学校、职业教育机构等
2	办公与管理建筑 政府办公建筑、银行保险建筑、一般性办公建筑等
3	工业建筑 生产车间、仓库、物流中心等
4	医院建筑 医院、诊所等
5	商业建筑 购物中心、零售、汽车 4S 店等
6	体育建筑 体育馆、体育场、游泳馆等
7	文化建筑 剧场、音乐厅、电影院、展览馆等
8	酒店餐饮建筑

影响建筑能耗水平主要有两方面因素，分别是建筑外围护结构和建筑设备。这份研究报告总结归纳指出，根据建筑建设年限，相应当时执行的节能规范或建筑构造规范，德国既有建筑的外围护结构热工性能可分为以下三大类。

德国既有建筑的外围护结构热工性能　　表 3

建设年限	外墙传热系数 U 值（W/m²·K）	外窗传热系数 U 值（W/m²·K）	屋顶传热系数 U 值（W/m²·K）	地面传热系数 U 值（W/m²·K）
1976 年以前	1.50（1918 年以前 2.0）	2.90	1.00	1.20
1977~1983 年	1.20	2.90	0.45	0.85
1984~1994 年	0.85	1.90	0.30	0.40

既有非住宅类建筑设备应用情况复杂，该报告选取两百多份建筑样本，对其建筑设备应用情况进行了归纳总结。样本选择原则是建筑每年超过 4 个月的供暖，如果有空调设施，空调时间超过 2 个月。既有非住宅类建筑能耗主要表现在供暖、生活热水、照明、机械通风 / 空调上。具有代表性的办公建筑、学校建筑和商业建筑楼宇设备应用情况见表 4~ 表 6：

德国办公建筑楼宇设备应用概况　表4

供暖能源方式		1	2	3	4	5	6	7
燃油／燃气锅炉	通常采用		●					
城市集中供暖	很少采用					●		
生物质能源	几乎没有						●	
热电联产	几乎没有					●		
供暖末端形式		1	2	3	4	5	6	7
散热器	通常采用		●					
地暖	很少采用					●		
热空气	没用采用						●	
生活热水		1	2	3.	4	5	6	7
集中式	很少采用						●	
分散电加热	经常采用			●				
无热水	偶尔采用				●			
照明		1	2	3	4	5	6	7
荧光灯	几乎所有	●						
水银灯 HQL/NaQL	没用采用							●
通风／空调		1	2	3	4	5	6	7
机械通风	偶尔采用				●			
空调	很少采用					●		

德国学校建筑楼宇设备应用概况　表5

供暖能源方式		1	2	3	4	5	6	7
燃油／燃气锅炉	通常采用		●					
城市集中供暖	很少采用					●		
生物质能源	几乎没有						●	
热电联产	几乎没有						●	
供暖末端形式		1	2	3	4	5	6	7
散热器	经常采用			●				
地暖	很少采用					●		
热空气	没有采用							●
生活热水		1	2	3	4	5	6	7
集中式	几乎没有						●	
分散电加热	经常采用				●			
无热水	偶尔采用				●			
照明		1	2	3	4	5	6	7
荧光灯	通常采用		●					
水银灯 HQL/NaQL	没有采用							●
通风／空调		1	2	3	4	5	6	7
机械通风	几乎没有						●	
空调	没有采用							●

德国商业建筑楼宇设备应用概况		1	2	3	4	5	6	7	表6
供暖能源方式		1	2	3	4	5	6	7	
燃油／燃气锅炉	通常采用		●						
城市集中供暖	很少采用					●			
生物质能源	几乎没有						●		
热电联产	几乎没有						●		
供暖末端形式		1	2	3	4	5	6	7	
散热器	经常采用			●					
地暖	很少采用					●			
热空气	经常采用			●					
生活热水		1	2	3	4	5	6	7	
集中式	偶尔采用				●				
分散电加热	经常采用			●					
无热水	没有采用							●	
照明		1	2	3	4	5	6	7	
荧光灯	通常采用		●						
水银灯HQL/NaQL	很少采用					●			
通风／空调		1	2	3	4	5	6	7	
机械通风	通常采用		●						
空调	经常采用			●					

（2）德国既有非居住类建筑能耗情况

德国既有非住宅类建筑建设时间越早，外围护结构热工性能越差，能耗越高。建筑的体型系数越大，能耗越高。不同建设年代、不同体型系数的办公和学校建筑能耗情况见表7~表8：

建造时间	体型系数	楼宇设备	供暖末端形式	生活热水	单位建筑面积能耗 kWh/m²·a
1976 年以前	< 0.4	燃油 / 燃气锅炉	散热器	分散电加热	250~350
1976 年以前	> 0.4	燃油 / 燃气锅炉	散热器	分散电加热	> 350
1977-1983 年	< 0.4	燃油 / 燃气锅炉	散热器	分散电加热	200~300
1977-1983 年	> 0.4	燃油 / 燃气锅炉	散热器	分散电加热	> 300
1984-1994 年	无区分	燃油 / 燃气锅炉	散热器	分散电加热	150~250
1995 年以后	无区分	燃油 / 燃气锅炉	散热器	分散电加热	100~200

建造时间	体型系数	楼宇设备	供暖末端形式	生活热水	单位建筑面积能耗 kWh/m²·a
1976 年以前	< 0.4	燃油 / 燃气锅炉	散热器	分散电加热	250~350
1976 年以前	0.4-07	燃油 / 燃气锅炉	散热器	分散电加热	350~450
1976 年以前	> 07	燃油 / 燃气锅炉	散热器	分散电加热	> 450
1977-1983 年	< 0.5	燃油 / 燃气锅炉	散热器	分散电加热	200~300
1977-1983 年	0.5-0.8	燃油 / 燃气锅炉	散热器	分散电加热	300~400
1984-1994 年	无区分	燃油 / 燃气锅炉	散热器	分散电加热	200~300
1995 年以后	无区分	燃油 / 燃气锅炉	散热器	分散电加热	150~250

1.3 德国既有建筑绿色改造相关标准综述

从统计数字可以看出，德国有大量存量建筑，既有建筑改造是德国建筑业重要领域。德国在既有建筑改造领域有丰富的经验和深入的理论研究，在这一领域的法律框架及管理工作相当深入，工程设计与实施非常精细周全。

对于既有建筑的改造，需要满足多方面的要求，包括城市规划、历史建筑保护、结构安全、防火消防、建筑节能、健康舒适（室内冬季采暖、夏季制冷、空气质量、视觉舒适、声学舒适等）、建筑物理（防水、防潮、防结露、防噪声等）。上述各领域都有行业内部强制性标准，业主在规划、

实施改造工程过程中必须遵守，限于篇幅，此处不作详细介绍。

德国与既有建筑改造相关的绿色建筑标准内容主要体现在建筑节能条例（ENEV），被动房（Passivhaus）标准和德国可持续建筑标准（DGNB）这三个标准之中。

德国节能条例（ENEV）是具有技术标准特点的法律文件，适用于所有新建和改建建筑，必须强制执行。被动房（Passivhaus）标准和德国可持续建筑标准（DGNB）是专业机构推出的自愿性标准，

建设方可以自愿选择按照其标准进行建设并获得认证。被动房标准属于超低能耗建筑标准，它对既有建筑的节能改造提出了相应的要求，这些规定主要集中在对围护结构的传热系数和气密性的控制，通过模拟计算或对相应建筑构件认证的方法来认证既有建筑完成的被动房改造。它是对既有建筑改造节能单项要求较高的一种标准。德国DGNB可持续建筑认证标准则从生态质量、经济质量、功能及社会、过程质量和场地质量六方面进行了规定，为既有建筑绿色改造提供全面技术支撑。前两个标准主要规定了建筑舒适度与能耗方面技术要求，DGNB则是涉及可持续建筑各个方面要求的综合标准。以下章节将简要介绍建筑节能条例、超低能耗被动房标准和DGNB可持续建筑认证这三项标准。

2. 德国 2014 版节能条例

德国节能条例
（ENEV–Energieeinsparverordnung），作为德国建筑保温条例（WSVO）的升级版，于2002年首次公布实施，之后不断更新升级。德国最新版《节能条例》（ENEV2014）经议会批准于2014年5月1日生效执行。在德国法律体系中它属于条例（Verordnung），但包含大量对应中

国建筑技术标准中的细致技术要求，对建筑的设计要求、节能措施、运行期间能耗值等都做出详细规定。

2.1 节能条例对既有建筑改造的定义和整体要求

既有建筑改造可以在各种大小规模和深度层次上进行，可以只进行立面粉刷或更新部分门窗；也可以将既有建筑拆除到只剩承重结构，并且还进行扩建工程，因此对何种既有建筑改造要执行何种强制标准要有明确且可操作规定。德国《节能条例》（ENEV2014）对既有建筑的改造，有严格清晰的衡量标准，便于操作执行。它对既有建筑"较大改造工程"的定义和改造要求如下：

1）当既有建筑外围护结构面积超过25%以上进行改造时，或当改造工程造价（包括外围护结构、暖通、照明、热水设备等同节能有关的各项工程）超过建筑本身总造价（不含土地成本）25%以上的既有建筑进行改造工程时，属于"较大改造工程"，必须满足EnEv2014节能条例的相关要求。

2）改造后的外围护结构传热系数指标须满足EnEv2014附件3（即本文表02）的要求值。

3）当既有建筑超过25%的外围护结构进行改造

时就必须执行该标准，因而要求改造之后其单位面积采暖能耗值能耗可以略高于同等级新建筑允许能耗量，但最高不得超出其允许值的 40%。新建建筑最大允许采暖能耗量约在 55kWh/m²·a。

4）如果对既有建筑进行改造有扩建部分，且扩建建筑体积超过 30m³，扩建部分必须满足节能条例新建建筑的节能要求。

5）此外对老旧采暖设备提出了限期更新要求。

2.2 节能条例对既有建筑改造的外围护结构传热系数的要求

既有建筑改造通常包含外观的改造，建筑外围护结构保温性能的提升是提高建筑舒适度和节约能耗的重要环节。德国节能条例对既有建筑改造过程中外围护结构热工性能指标有详细要求，见表 9。

德国 2014 版节能条例（ENEV2014）对建筑外围护结构传热系数要求，适用于新建建筑和改扩建建筑 表 9

编号	建筑构件	居住建筑及冬季室温≥19℃的采暖建筑，建筑构件最高允许传热系数 U 值，单位 W/(m²·K)
1	外墙	0.24
2a	外窗、阳台门	1.3
2b	天窗	1.4
2c	外窗玻璃	1.1
2d	玻璃幕墙	1.5
2e	玻璃顶	2.0
2f	阳台折叠玻璃门	2.0
3a	使用特殊玻璃的外窗、阳台门、天窗	2.0
3b	特殊玻璃	1.6
3c	使用特殊玻璃的玻璃幕墙	2.3
4a	屋面、老虎窗、与不采暖阁楼之间的楼板	0.24
4b	带防水层的屋面	0.20
5a	外墙及地板接触土壤，或相邻不采暖房间	0.3
5b	下侧与室外空气接触的楼板	0.24

注 1：计算不同材料组成墙体的传热系数须按照 DIN V 4108-6: 2003-06 附件 E，其他不透明材料的传热系数计算按照 DIN EN ISO 6946: 2008-04

注 2：外窗传热系数玻璃传热系数以厂家产品技术参数，或根据建筑规范规定的建筑产品能效值，或依据相关产品检测合格证书确定。

注 3：玻璃幕墙传热系数的确定依据 DIN EN 13947: 2007-07 计算。

3. 超低能耗被动房标准

3.1 超低能耗被动房的定义

被动房是指仅利用高效保温隔热、太阳能、建筑内部得热等被动技术和带有余热回收的新风装置，而不使用主动采暖设备、实现建筑全年达到 ISO7730 规范要求的室内舒适温度范围的建筑。

技术指标包括：

室内温度 20~26 度；

围合房间各面的表面温度不低于室内温度 3 度；

空气相对湿度：40%~60%；

空气速度：室内空气流速小于 0.2m/s。

设计建造被动房，需从以下几方面入手：紧凑的建筑体型系数，控制窗墙比，极好的外围护结构保温隔热性能（屋面、墙体、地面、门窗），适当的遮阳设施，严格的建筑气密性要求，带有高效热回收的新风换气系统。

被动房核心技术指标：（1）被动房的采暖能耗不超过 15KWh/m²·a；（2）一次能源总消耗量不超过 120KWh/m²·a（含家用电器）；（3）建筑气密性 n50 小于 0.6 /h 。

被动房最初主要是针对中欧地区住宅建筑研发的技术体系，最大优点是相比其他技术体系建设投资少，运维成本低，较高热工舒适度，使用舒适方便，经久耐用、不易出现建筑损伤。

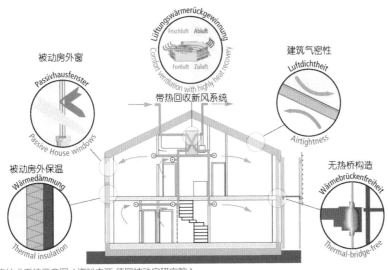

图1 被动房技术系统示意图（资料来源 德国被动房研究院）

3.2 标准的编制、发布和管理部门

1988年瑞典隆德大学（Lund University）的阿达姆森教授（Bo Adamson）和德国的菲斯特博士（Wolfgang Feist）首先提出"被动房"建筑的概念。1996年，菲斯特博士在德国达姆施塔特创建了"被动房"研究所（Passivhaus Institut），该研究所是目前"被动房"建筑研究最权威的机构。德国被动房研究院可以对达到被动房标准的建筑进行认证。

3.3 德国被动房标准对既有建筑绿色改造的评价和等级划分

（1）评价指标和方法

对既有建筑改造的认证（EnerPHit）可以两种方法获得：

（a）计算方法：即按照被动房标准提供的计算方法和边界条件，通过计算，证明改造后单位建筑面积的采暖能耗值 QH $\leqslant$ 25kWh/m^2 · a 年。同时须满足外围护结构基本传热系数限值要求。

（b）建筑构件认证：通过使用获得被动房标准认证的构件系统，如外保温系统、外窗系统进行改造；或通过提供相关资料证明建筑构件达到相关要求。主要技术要求如下：

不透明外墙外保温，传热系数 $\leqslant$ 0.15W/m^{2}K
不透明外墙内保温，传热系数 $\leqslant$ 0.35W/m^{2}K，（内保温系统只适用建筑外保温法规上被禁止使用（如历史保护建筑）、建筑构造上无法实施或全寿命周期成本评估不经济的情况下。

外窗传热系数 ≤ 0,85 W/m² · K（安装到建筑上的综合 U 值）。

户门传热系数 ≤ 0,85 W/m² · K（安装到建筑上的综合 U 值）。

所有采暖房间都须安装带有热回收设备的通风换气装置，系统热回收效率 ≥ 75 %。

气密性 最低要求 n50 ≤ 1.0/ h，目标值 n50 ≤ 0.6/ h
采取适当的构造措施，保证建筑内墙不得出现任何潮湿结露现象。

（2）低能耗等级
德国低能耗建筑根据建筑能耗大小划分三个等级，达到相关规范所要求的使用舒适度和健康标准的前提下，建筑物对一次性能源的需求量：

低能耗建筑（Niedrigenergiehaus）：采暖能耗在 30~60 kWh/m² · a 的建筑；

三升油建筑（Drei-Liter-Haus）：采暖能耗在 15~30kWh/m² · a 的建筑；

超低能耗被动房（Passivhaus）：采暖能耗 ≤ 15kWh/m² · a 的建筑；

在此之外还有零能耗建筑（Nullenergiehaus）：通常是通过被动设计，使建筑的能源需求量降到很低，进一步采用可再生能源（太阳能、生物质能等），覆盖所需能源，建筑不依靠外部能源；

产能建筑（Plusenergiehaus）：采用可再生能源（太阳能、生物质能等），覆盖所需能源之外，建

图 2 既有建筑改建被动房认证证书

图 3 德国海德堡铁路新城被动房建筑群

筑向外部输出能源。

3.4 标准应用情况（应用该标准评价的建筑数量）

根据网站 www.passivehousedatabase.org 2014 年 11 月的数据，已有 2300 多栋建筑获得被动房认证，包括居住、办公、学校、博物馆、工业建筑等类型。相关资料和实地考察显示，还有许多建筑按照被动房标准建造，但没有申请被动房认证，如正在建设的德国海德堡铁路新城（Bahnstadt Heidelberg），项目用地 116 公顷，包含居住、教育、研发、商业、工业的全部建筑，法兰克福欧洲新城区 (Europavietel)、法兰克福雷德贝格新区（Riedelberg）中相当数量的住宅建筑群，都是按照被动房标准建设。估计已建成的被动房建筑总面积已超过百万平方米。

德国 DGNB/BNB 可持续建筑评估体系以评估建筑性能为核心，根据建筑不同使用功能，设有不同的评估类型。对不同类型建筑的评估，在评估体系相同，但在条款细部和权重设置上有所不同。以下是 DGNB/BNB 既有建筑绿色改造的评估方法。

4. DGNB/BNB 既有建筑绿色改造的评估方法

既有建筑的形态影响着城市的外貌，既有建筑的社会价值体现在建筑文化的多样性以及具有地方特色而且不可替代的城市烙印。德国 DGNB/BNB 充分考虑了既有建筑的特点，鼓励绿色改造技术要注重生态，经济和社会文化效益等方面。在德国 DGNB/BNB 中，既有建筑绿色改造的技术措施与新建建筑基本保持一致的基础上，突出绿色改造的特色，避免产生与既有建筑使用功能不匹配的费用。

德国 DGNB/BNB 对既有建筑绿色改造的评价也从生态质量、经济质量、社会文化和功能质量、技术质量、过程质量和场地质量六个方面展开，在技术细节上采取了更加合理的措施。由于 DGNB/BNB 评估方法内容较多，需要对照标准逐条详细审核、必要时须进行计算和软件模拟，限于篇幅，本文仅对其评估思路和重点内容进行简要介绍。

4.1 生态质量评估

生态质量评估主要对建筑物使用的建筑材料环保性能进行评估。德国已逐步建立完善建筑材料数据库，可以查询到单位重量钢材、水泥、多钟装修材料及机电材料在生产过程中所消耗的能源、温室气体及污染物的排放量。既有建筑绿色改造措施的生态审计和新建建筑措施采用同样的标准，但评估方法和评估尺度更适合既有建筑改造措施的特殊性。

既有建筑上使用的建筑材料体现了建筑物在建造过程中的能量流和材料流对资源的需求和对环境的压力。既有建筑上物化的一次能源耗费，俗称"灰色能源"（Graue Energie，指建筑材料的生产、运输、存储、销售等环节耗能总和）。通过既有建筑改造，避免拆除原有建筑和新建建筑，这将大大节约既有建筑拆除和无害化处理以及新建建筑带来的对能源和资源的消耗等环境压力，这是既有建筑改造对环境保护和可持续发展作出的最大贡献。

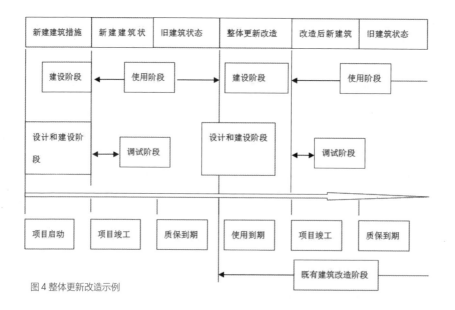

图 4 整体更新改造示例

如果既有建筑改造措施中使用了旧材料，评估时要避免双重审计。既有建筑改造中重要的设计原则：只要能满足技术和功能方面当前和未来的质量要求，尽量减少新材料的使用份额。

依据德国有关规定，只有建筑文物可以在定量评估和定性评估之间进行选择，其他类型建筑整体改造措施，必须执行定量评估，评估内容主要包括期限少于 50 年的所有构配件和设备的修复。需要说明的是，继续使用和再利用的旧材料的剩余使用寿命，确定修复措施的时间计划和届时的投资。此外，在考虑旧材料的继续利用和再利用时，必须说明未来的能源需求类型。

4.2 经济质量

既有建筑改造措施在绿色评价中的生命期成本 表 10

制造成本	建造成本
持有成本	运行成本，清洁，保养和维护的成本
拆除成本	拆除成本和清运成本

关于整体改造的概念，BNB 的评估标准是，既有建筑几乎完全回复到稳固的建筑结构，并且在措施实施完毕后，最大程度上达到近似新建筑的状态。整体改造的生命期成本分析基本上按照现有的惯例和整体改造标准进行并作评估。对于局部改造而言，生命期成本核算和分析作为方案比较的工具来使用，用以选择最优的方案，方案必须评估建造成本和运行成本，无论是整体改造还是局部改造。

4.3 社会文化和功能质量

社会文化和功能质量在既有建筑改造措施中扮演着重要的角色。在既有建筑改造措施要考虑如下方面：保障功能性、确保造型质量、保证健康、安全和舒适。

其中，健康，安全和舒适性方面尤为重要。比如，改造措施的一个重要目标是获得人员对办公区域条件和建筑条件尽可能高的满意度。满意度高有助于促进人员的创造性和生产力。在既有建筑改造措施中，可以动用前期使用者的反馈确定建筑物的质量。在执行过程中，需要保持或优化质量。

建筑结构在今后的适应性，易改建性和转变能力，在既有建筑改造措施中，具有重大的意义。在不断变化的形势下，功能性、灵活性、适应性可以影响建筑的可接受性、使用期限、生命期中建筑的成本以及对环境的影响。从绿色发展角度看，如果能够实现在资源和费用合理支出情况下，建筑结构与变化的使用条件进行协调，建筑则获得较高的使用功能可变性。

使用功能可变性的评价考虑的方面   表 11

建筑空间	天花板的高度、建筑深度、垂直利用
平面图	使用单位的大小和利用
结构	类型以及内墙和隔离墙的结构
技术配备	范围、灵活性、可修改性

建筑造型目的是保持建筑文化的多样性以及不可替代性，是地方特色的形象。比如，国家级建筑物通常满足很高的标准要求，甚至被列入保护的建筑文物。对建筑文物的保护和恰当使用，是一项重要的社会任务。

关于造型质量的保护，相比新建措施，既有建筑改造措施有两个主要方面：
对既有建筑造型质量和城市建设质量的理解；
现存造型质量和城市建设质量的使用和继续发展。项目初期，对既有建筑的造型质量的客观思考和评价是高质量发展的基础。只有在确定历史、文化、经济、技术和城市建设方面质量的基础上，才能对既有建筑进行正确的评估，这是维持或提高造型质量和城市建设质量的必要条件。

此外，必须考虑现有质量的类型和内容。对于建筑文物、纪念区域和值得纪念的建筑物可以被认为存在很高的造型质量和城市建设质量，确切地说是存在很高的文化价值。在既有建筑改造措施过程中，文物保护和文物专业机构对其规划和建筑的引导为建筑文物提供了质量保障和继续发展的可能。在项目准备阶段，以学术专家意见的形式推行改造措施。专家意见拟定的形式、内容和职责，必须和相关文物保护机构协调一致并按照他们的要求执行。如果既有建筑改造措施的计划涉及文物范围内的不动产，专家意见中文物保养的关注重点必须通过文物保护计划扩展到整个不动产。

对于不具备文物特征的建筑，考虑到现有造型质量和城市建设质量，必须进行文件的调查。这个调查至少包含如下内容：

既有建筑（不具备文物特征）造型质量和城市建设质量的考量方向　　　　　　表12

考虑所有相关信息的建设描述	有关规划法的框架条件
	有关建筑的城市建设环境
	有关户外设备
	有关建筑物的设计
	有关结构构件
	有关固定的和可移动的配备（家具和艺术品）
	通过照片文档补充
相关建筑和单个建筑构件的评价	城市建设质量
	造型质量，或者说文化价值
文档	现状图纸（平面图，截图，外形）
	极高造型质量或城市建设质量，确切地说极高文化价值的申请

与新建建筑项目流程类似，既有建筑改造中设计评比是保证造型质量实际而有效的解决方案。通过设计评比能够找到一个满足造型质量和城市建设质量的解决方案，如何使用既有材料通常成为设计评比的一个必要课题。因此，必须考虑有关当前造型质量和城市建设质量的文档，比如，造型方案的制订、草案的制订、颜色和材料学检测技术规范、独立造型顾问的参与和建筑艺术等。在既有建筑改造措施中，建筑中既有艺术的使用是对新创作建筑艺术的补充。既有建筑艺术需要思考如何维护，并在既有建筑改造措施中寻求一个合适的应用以适当传递他们的价值。

4.4 技术质量

通过改造措施,使用者希望既有建筑能够达到新建筑一样的质量。在这个期望背景下,新建筑技术质量基本显示出既有建筑改造措施的基准。

绿色建筑的主要方面包括:

防火:在建筑防火方面,德国各个联邦州的建筑法规和技术条例有明确的规定;

易清理和易维护:建筑主体在使用阶段易清理和易维护对环境作用以及成本有很大的影响,比如,既有建筑改造的主要目标之一是改造修复后,建筑构件达到最高的使用期限;

保温和凝露处理:通过保温和凝露处理使建筑物室内条件达到热能需求的最小化,同时保证较高保温舒适性并避免建筑损害。通过建筑围护的保温技术质量和防潮技术质量可以识别既有建筑改造措施水平。

通常,改造措施必须考虑如下方面:建筑构件的平均传热效率、热桥、透气性、在设计范围内的冷凝水量、建筑围护结构的密封、太阳能初始特征值等。

基于不同的原因,许多既有建筑物不能被加强质量或者只能通过高昂的支出达到类似新建建筑的质量。因此,新建措施不能直接用作到既有建筑

改造措施,新建建筑和既有建筑改造的节能条例也要加以区分。此外,既有建筑改造还有可能涉及文物保护的领域。对于建筑文物可以特殊对待,选择一个可替代性的操作模式,通常允许建筑文物保护和维护出现偏离建筑改造规定的情况。

建筑文物维护和保养的不同情况　　表13

情况1	整个建筑物具有建筑文物特征
情况2	建筑物局部具有建筑文物特征(比如,建筑物的厢房)
情况3	建筑物的单个构件(比如通道、窗户)具有建筑文物特征或者被建筑文物保护专家确定为特别值得保护的级别

每种情况都必须采取一切符合文物保护要求的规定措施。此外,若必要,还应补充说明为什么没有执行更高的标准。

4.5 过程质量

建筑物的质量主要决定于早期规划阶段,因此,规划阶段的质量对既有建造改造措施有特别的意义。在措施开始阶段,引入环境影响,资源需求和成本分析的可能性最高,在充分分析资料的前提下,必须尽早考虑法律、技术、功能、城市建设和建筑艺术的因素。

现状分析需要思考既有建筑的优势、弱势、潜力和风险。它们一方面受到传统的建筑结构状态的影响,另一方面也受到既有建筑可持续发展有关

规范的影响，比如建筑文物保护、相邻权或者与环境有关的防废气、有害物质、噪声法等。对于既有建筑进行现状分析通常对整个建设规划和建设过程有决定性的影响。在项目准备阶段，全面和仔细的现状分析大大降低在改造措施中很容易出现的规划不确定性。在技术质量、建造成本、资源需求和环境影响方面，现状分析提供有效和最优化建设的可能性。现状分析过程包括总结分析和建筑诊断。

总结分析包括几何形状、建筑结构、暖通技术、建造和使用历史、论述等 5 方面内容。

几何形状主要考虑调查对象所有几何形状的数据和边界条件。这里可以使用规划图和建设文件，用于检查其目标对象的质量和适用性。几何形状调研的重要文件包括所有房屋，地下室、屋顶和可利用屋顶空间的平面图、所有结构性的独立建筑构件的截面图、楼梯截面图、所有通道的截面图和屋顶顶视图。图纸文件的比例以既有建筑的体积以及建设干预的程度和范围为导向。规划文件至少符合 1:100 的比例，关键点必须介于 1:1 和 1:25 之间的合适比例另外标示。

建筑结构主要考虑材料和构件，包括分析建筑外围护结构。对典型墙体、天花板和地面设计，比如说屋顶横截面，进行分析并记录成档。建筑结构分析是对既有建筑结构进行详细认识，相关认识通过后续建筑诊断的调查结果得到扩展和验证。技术评价的一个重要基础是每个结构的保持能力和继续利用性。

暖通设备分析包括调查所有供暖、通风、卫生、电力安装以及空调技术和楼宇自动化的既有设备。暖通设备继续使用的潜力评价，一般要考虑较低的平均使用期限。考虑到技术维修和磨损。

建造和使用历史用于解释经确认的历史过程对建筑物现状的影响。建造历史分析的结果有助于说明技术特点，为改建措施，修复措施或建筑扩展提供有效信息。

论述包括对既有建筑进行所在位置或周边条件限制的特别影响调查。论述的主题要考虑环境影响和所在位置的外部影响。环境影响包括基本风险、洪水危险（所在位置特定的预警时间）、夏季高热量负荷（城市热岛效应）等。

建筑诊断包括承重装置、节能质量、有害物质、湿度过量和盐过量等 4 方面内容。

对静态模型以及现有承重结构的考察和设计，参与的专业人员首先追溯几何形状和建筑结构的分析结果，可能还有建筑历史的分析。为了能对结构构件的状态做更精确地评估，也要求建筑诊断方面的调查，作为补充内容。因此，按照承重能力、耐用性以及适合使用性的标准对现有材料进行评价。对承重装置进行建筑诊断调查的内容取决于结构形式和危害程度。典型的建筑物诊断调查领域有木结构、砖结构、钢筋混凝土结构、地基、钢构件等。

节能质量评估主要考虑修复前的最初状态和整体改造过程中的节能实践潜力。它必须以几何形状、建筑结构以及暖通技术的现状分析为基础。在评估中，特别要注意节能规范和节能审计要求、关键节能点的证实、建筑能耗的评估、建筑设计问题和缺陷的确定、调查节能潜力的模式等方面。考虑到建筑节能改造的类型和范围，通常存在许多可能性和分级，至少应该思考最低限度的模式和最优模式。

典型的建筑有害材料，几乎可以在每个既有建筑中找到。因为有害材料能够直接影响住户的健康，所以对此必须给予最高的关注。如果存在建筑物内有害材料的怀疑或者无法排除这种怀疑，就必须采取调查。建筑改造措施必须确保有害材料不会对人身的健康以及环境媒质，如地下水、地表水、土地和空气等造成危害。与建筑物内有害材料有关的法律和规定包括劳动保护法、化学品法、事故预防条例、建筑场所安全与健康保护条例及危险物质技术法规等。

湿度过量和盐过量是既有建筑存在的典型问题。比如和土接触或用土覆盖的建筑构件、不完善的屋顶、暴露在环境中的建筑部分。对此情况，必须对现有湿度过量的范围和强度进行仔细检查。湿度分析有不同调查方法，从最开始的湿度指示到实验室方法，来获得危害原因的精确确认。湿度过量绝对不只是美观问题，它对室内材料性能，比如导热性和耐久性有负面影响。此外，全部潮湿的构件表面会导致二次损坏，比如发霉或冻融产生的损坏。在典型的损坏过程中，细小多孔材料只要有潮气来源，就能完全潮湿，从而产生已溶解的有害盐类。这里，有害盐类指的是氯化物、硫酸盐、硝酸盐。由于结晶造成最先在蒸发区域靠近表面的结构损坏，吸潮材料的吸湿性提高，再次导致长时间的湿度过量，从而大幅度提高的盐浓度。

在总结分析和建筑诊断的过程中，特别是后者，宜对建筑材料进行必要的检测或鉴定。之后明确建筑结构和设备的剩余使用寿命，有助于估算引入恢复性能措施的时间点。

4.6 场地质量
在拆除规划和拆除措施的招标中必须根据现状分析的结果，考虑劳动保护条件、拆除计划、拆除方案、垃圾分类和清运的检查等内容。

建筑领域的企业职工有特别大的意外事故风险和健康风险。因为大气作用，时间压力以及在现场发生的不可预料的情况，所以协调和保护措施的要求非常高。德国劳动保护法是安全措施的法律基础。按照施工现场条例施工现场必须有一位协调员，专门负责职工的健康和安全。

在现状分析的基础上，必须制定拆除计划。它关系到可再次使用的建筑构件，建筑材料以及有害物质和工业废料污染等方面的内容。在拆除开始

前，具有相应资质的专业人士设计拆除计划作为实施的基础。计划应该包括物流方案、抗振动干扰性的分析、对环境和周边的干扰、建筑碎料和受污染材料的使用方案、时间表、拆除方式及负责人。在既有建筑改造措施中，辅助工具的回收也属于拆除计划的范围。

与新建建筑的施工现场相比，建筑运行过程中的改造必须有特别的措施。因为在改造的同时，使用者就在现场，或者说在改造措施执行中，空间还必须继续使用。在这种情况下，必须收集所有住户信息，和相关人员协调施工时间表，制订拆除方案，确保不影响现场使用。

在拆除过程中，有效控制清运拆除的材料和包装。控制垃圾分类是必需工作，所以必须指定垃圾分类负责人并确保按照建筑日志做相应报告。

德国 DGNB 在 2008 年初有 121 个会员，发展到 2014 年全球有 1200 多个[1]。有 500 名涉及绿色建筑各专业的专家志愿者支持和维护德国 DGNB 的运行[2]。目前，德国 DGNB 在全球范围已经培训了 400 多咨询师（Consultant）、650 多个专业知识强、工作效率高的认证师（Auditor），建筑业主和投资者可以向他们咨询相关方面的知识。通过他们的辛勤工作，德国 DGNB 共认证了 847 栋绿色建筑，其中绿色既有建筑的数量为 24 栋，还有 400 多栋建筑注册参加认证[3]。获得德国 DGNB 认证的新建建筑和既有建筑的星级分布见图 5 [4]。

① .http://www.dgnb.de/en/council/members/
② .http://www.dgnb.de/en/council/dgnb/
③ .http://www.dgnb-system.de/en/certification/dgnb-auditors-consultants/
④ .DGNB_Proj_Export_17-12-2013, http://www.dgnb-system.de/en/projects/

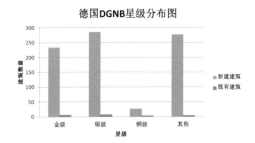

图 5 德国 DGNB 认证的新建建筑和既有建筑的星级分布图

图 6 德国 DGNB 证书样本

参考资料：

[1]《Dena-Sanierungsstudie. Teil 1: Wirtschaftlichkeit energetischer Modernisierung im Mietwohnungsbestand.2010》Deutsche Energie-Agentur, Henning Discher, Eberhard Hinz, 12.2010

[2]《Dena-Sanierungsstudie.Teil 2: Wirtschaftlichkeit energetischer Modernisierung in selbstgenutzten Wohngebäuden 2011》Deutsche Energie-Agentur, Christian Stolte, Heike Marcinek, 03.2012

[3]《Der dena-Gebäudereport 2012, Statistiken und Analysen zur Energieeffizienz im Gebäudebestand》Deutsche Energie-Agentur, Uwe Bigalke, Henning Discher, Westkreuzdruckerei, Berlin, 09.2012

[4]《Typologie und Bestand beheizter Nichtwohngebäude in Deutschland 》Bundesministerium für Verkehr, Bau und Stadtentwicklung (BMVBS), 08.2011

[5]《 Nationale Nachhaltigkeitsstrategie Fortschrittsbericht 2012》, Presse- und Informationsamt der Bundesregierung, 10.2011, Silber Druck oHG

[6]《Statistischesjahrbuch 2012》, Statistisches Bundesamt Deutschland , Redaktionsleitung: Susanne Hagenkort-Rieger10.2012

[7]《Leitfaden Nachhaltiges Bauen》Bundesministerium für Verkehr, Bau und Stadtentwicklung (BMVBS), , Berlin, Druckerei Conrad GmbH, 04. 2013

[8]《Verordnung über energiesparenden Wärmeschutz und energiesparende Anlagentechnik bei Gebäuden (Energieeinsparverordnung - EnEV)》Bundesministerium, 11.2013

[9]《Zertifiziertes Passivhaus - Zertifizierungskriterien fur Passivhauser mit Wohnnutzung》 Passivhaus Institut, 05.2013

[10]《EnerPHit: Zertifizierungskriterien fur modernisierte Gebaude》Passivhaus Institut , 05.2013

[11]DGNB System-beschreibung

德国传统木构建筑与绿色节能技术及现代美学的融合创新

文：德国可持续建筑委员会（DGNB）国际部董事
　　洲联集团 · 五合国际 副总经理 卢求

图 1 德国现代木构建筑

图 2 德国传统的木构桁架建筑（Fachwerkbauten）

十多年前在德国生活期间，一位朋友邀请我去他们的新家度周末，经过高速公路和蜿蜒的山间公路来到南德的一座小镇。他的新家坐落在坡地上，远远望去眼前一亮。那是一栋木构桁架别墅，匀称的比例，大面积的玻璃窗，轻盈现代，略有东方建筑韵味，与小镇周围上其他建筑及自然环境很协调。后来了解到，这是德国战后新开发的一种现代化木构建筑体系的产品。

传统木构建筑继承与发展

德国传统建筑中有一种非常著名的"木构桁架建筑"（Fachwerkbauten），特别是德国西南部的施瓦本（Schwaben）地区，这一建筑遗产已被联合国列入"世界遗产名录"。木制建筑以其温暖自然、易于加工和表现力丰富等特色，在住宅建筑方面得到广泛应用和发展。直到今天，特别是城市里被钢筋、水泥、石材包围充斥之后，木构建筑的住宅在西方国家更深受人们的青睐。

图 3 HUF 木构桁架建筑，德国战后现代化木构建筑体系成功的代表

传统的木构建筑，包括中国的民居和宫殿，虽然造型优美，艺术上登峰造极，但它们毕竟不能满足今天人类的需要。如何继承传统，发挥现代化制造工艺材料特长，应用生态节能技术，创造满足现代人类需求的新时代的建筑，是东西方建筑师面临的共同挑战。

德国新型木构桁架建筑的形成
"二战"之后，德国百废待兴，城市重建过程中对各种类建筑需求量巨大。人们努力探索新的建筑体系满足市场需求，对于不同类型的木构建筑体系进行了大量尝试和建设实践。这其中HUF（贺府）公司的木构桁架建筑体系是它们中间最成功的代表之一。

HUF 木构建筑体系最初获得成功与声誉的项目是1958 年在比利时布鲁塞尔举办的世界博览会德国馆。建筑位于一片坡地之中，场地上分布众多高

图4、图5 使木构桁架建筑能够很好地融入大自然风景之中

图 6 HUF 木构建筑在大中型公共建筑领域应用

大乔木，总面积约为 20000m²。德国馆分为八栋方形的二、三层的建筑，围合成一个院落。建筑之间有连廊连接。HUF 负责展馆的木构工程，项目展示了工业化、装配化建筑的优势，该建筑获得了比利时皇家章奖。

此后 HUF 木构建筑体系不断完善，建筑师 Manfred Adams 对其作出了突出贡献。HUF 木构桁架建筑发展到今天，已经集成了德国木构建筑方面所有最新科技成果：木构的材料加工，现代化的外维护结构，遮阳保温设备，卫生间上下水，室内的隔声，全面完整的生态节能技术体系，先进的能源系统，包括太阳能光伏发电、锯末条燃烧技术和艺术音响系统等。设计师始终把建筑艺术美感和舒适环境、人性化放在首位，通过现代化的精美加工工艺，高品质材料部件技术的有机整合，使建筑创造出一种飘逸通透、优美灵动的

风格，使木构桁架建筑能够很好地融入大自然风景之中。

木构桁架建筑的风格特点

HUF 木桁架建筑风格的形成深受德国包豪斯设计风格的影响，摒弃多余的装饰材料，依靠清晰明确的建筑结构形态，简洁的比例关系，大面积的虚实对比，形成 HUF 木构建筑独特的建筑风格。这种建筑风格是建立在现代建筑技术工艺对木材有效的加工利用，充分发挥和扩展木材优美、自然、温暖的特性，形成了与传统木构建筑完全不同的建筑风格。在住宅类产品中形成了一种通透、简洁、大方的建筑形象，并能达到将周围自然景色完美的引向室内的效果，深受欧洲各国有文化修养、追求简约自然风格人士的青睐。在德国、瑞士、英国等国家获得好评。

图 7 室内空间自由流动，通透明亮，大面积玻璃窗将室外风景引入室内
图 8 中庭空间，阳光从天窗可直接透射而下，室内光线明亮柔和，温度不会过热

图 9 起居室、客厅、餐厅空间相互流动连通

图 10、图 11 坡屋顶下可布置有趣的书房、儿童房、爱好制作室等丰富有趣的空间
图 12、图 13 地下空间结合自然坡地设计大面积外窗和室外庭院，布置健身、泳池等设施

图 14、图 15 木构件在工厂加工制作

HUF 木构建筑的独特风格在办公、体育、商业、幼儿园等大中型公共建筑领域也有突出表现。

结构体系与内部空间

HUF 木桁架建筑体系由于采用了木构梁柱结构体系，没有任何承重墙，室内空间自由流动，通透明亮。这种结构体系为建筑设计及空间的外部表现提供了广泛空间。室内空间可以根据需要，任意组合联通，打破传统建筑封闭拘谨的限制。起居室、客厅、餐厅空间相互流动连通，大面积玻璃窗将室外风景引入室内。开放楼梯间解决垂直交通功能，同时也是室内设计的精彩之处。门厅贯通三层高的中庭空间，阳光从天窗可直接透射而下，由于采用现代化遮阳技术，室内光线明亮柔和，温度不会过热。

木桁架体系通常是采用坡屋顶形式，由于采用了高水准的保温隔热构造，坡屋顶空间可以有效利用，有机组织到整体设计中。 坡屋顶下可布置有趣的书房、儿童房、爱好制作室等丰富有趣的空间。地下空间通常结合自然坡地设计大面积外窗和室外庭院，结合布置健身、泳池等设施。

个性化需求与工业化生产

住宅产业始终面临如何工业化生产以降低成本和满足业主个性化需求的矛盾。HUF 木构体系每栋建筑都是建筑师与业主密切沟通基础上单独设计的，由于 HUF 体系是建立在基本元素组合构成的基础之上，某种程度上类似 LEGO 积木体系，而建筑上所有部品与连接构造都是在多年积累、优化细部构造基础上的研发产品，通过专业设备加工，保证了建筑部品的优秀品质和可接受的价格。业主能够从参与自己梦想之宅的设计中获得巨大乐趣，并且可在日后自豪地向来宾介绍展示自己参与设计建造的杰作。

图16~图19 高舒适度低能耗技术解决方案，从视觉美观，技术体系上都是和建筑设计及细部密切结合、量身定制

HUF 木构建筑体系的成功首先是继承传统木构建筑工艺，将大量优秀的工匠手艺，构造施工技术挖掘整理。逐步转化为工厂化生产、现场组装，并不断融入最新建筑科技成果，转化为高品质的工艺与产品。这一过程经过几代人的努力和沉淀，形成了自己独特的技术体系，特别是在舒适、健康环保和生态节能方面有突出成就。

高舒适度低能耗生态建筑技术

HUF 木构建筑采用了独自开发的"air conomy"采暖和空调技术，精细控制室内温度，湿度和空气流动速度，达到人居理想舒适状态。独特之处在于其所有技术解决方案，从视觉美观上、技术体系上都是和建筑设计及细部密切结合、量身定制的，使技术系统的应用更加人性化，提供更加舒适健康、生态环保的居住空间。主要外维护结构保温隔热性能达到德国被动房标准。技术体系包括：

高效保温隔热屋面构造，U 值 =0.14w/m²·K，空气隔声系数 45dB；
高效保温隔热外墙结构 U 值 =0.19w/m²·K，空气隔声系数 45dB；

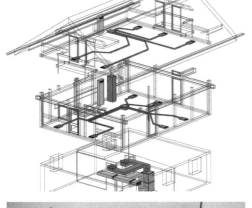

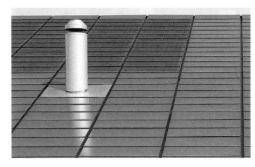

图 20 室内空气循环控制系统
图 21 智能化控板制面
图 22 air conomy 系统技术细部
图 23 与屋面结合一体的太阳能光伏发电设施

特殊加工处理的木构桁架体系，在提供灵活通透的建筑空间结构同时，也构成了很好的外维护结构保温隔热材料；

特殊研发的木质隔声楼板，空气隔声系数 R'w = 50dB，撞击声强度系数 56dB；

大面积高效地辐射保温节能玻璃，U 值 =0.7w/m² · K，G 值 = 50%，透光率 69%；

精确控制的室外遮阳系统；

隐蔽式 / 辐射式采暖制冷系统；

精细控制的新风与回风系统；

高效热回收系统；

地源热泵技术；

生物质高效低排放供热体系；

HUF Sonnenhaus 太阳能零排放体系；

舒适卫生间隔声系统；

开放式厨房排烟及新风系统；

视觉柔和光环境控制系统；

舒适室内声学体系于个性化音响系统；

精细个性化系统联动控制系统。

局限性与系统应用多样性

木构建筑体系也存在一定的局限性。由于木构防

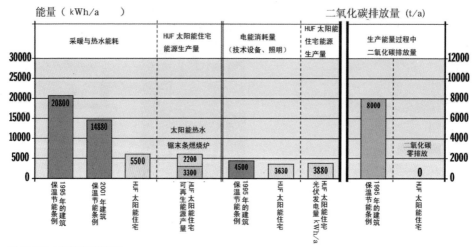

图 24 HUF 太阳能住宅能耗表

火性能的局限性，限制了其在有高层建筑和高防火要求的大型公共建筑的应用，另外由于木构材料力学的特点，结构的跨度和强度受到一定限制。同时由于木构材料加工的特点，房屋结构以直线、点阵结构为主，一定程度上限制了其空间表现力。

但经过现代化工艺加工处理后的木材的使用范围和性能已远远突破了人们传统观念中木材性能与木构建筑所能达到的水平。现代化的工业加工工艺使木材的性能发生了巨大提升，同时保持并发挥其自然、温暖、舒适、个性化的优点。

HUF 所采用的木构部件都是经过现代化技术加工制造，满足严格的质量与环保要求。木材不宜像传统木构建筑那样直接采用整根圆木使用，因为整根木料会因为含水性、空气湿度变化等因素发生弯曲、变形、开裂。现代木材需要经过干燥，按纹理锯成木片，再用特种强力胶粘合等工艺形成胶合木（Leimholz），长度方向可拼接，企口错缝连接，这种胶合木结构的力学性能和防火性能大大提高，因而可以用于大型结构使用，欧洲现代木构建筑在体育馆等大型公共建筑中有很多成功案例。

HUF 室外环境下使用的木材都采用了专门研制的5 层防护装饰涂层。它可以透出木材的纹路，抵御恶劣天气和紫外线辐射，具有良好的耐久性，同时又具有呼吸功能，可平衡木材的湿度，避免

图 25 木构建筑体系可以满足商业、办公和其他公共建筑使用要求

胶合木变形。

HUF 木构建筑已形成了一种独特的建筑体系。除了能满足不同规模的居住建筑要求，同时可以满足商业、办公和其他公共建筑使用要求。相当一批不同规模的公共与商业建筑已建成投入使用。

结语与展望

木构建筑是人类建筑历史中非常重要的一个组成部分。中国古代木构建筑取得了辉煌的成就，遍布在全国各地的木构建筑亦是中华民族重要的历史文化遗产。

当今人类社会所面临的问题与挑战、住房所需满足的要求都发生了巨大变化，所幸人类所掌握的科学技术与工业化生产能力亦有突飞猛进的发展。如何进行可持续发展性的城市与居住区建设，克服现代城市的冷酷、异化、丧失个性，是人类面临的共同问题。

以丰富多彩的传统木构建筑为基础，结合现代科技与工业化精细加工生产能力，建立在计算机基础上的数据收集与管理体系，完全有能力提供满足于现代人类生存需要的、可持续发展的个性化生存空间。

中国大量传统民居具有非常丰富、优秀的文化和技术遗产，包括有效的被动式生态节能技术等。具有传统民居风格、满足现代舒适节能要求的居

图 26 瑞士山野湖畔朴素自然的现代木构住宅

住建筑，将有很大需求，研究开发中国新式木构建筑体系，具有很重要的社会文化意义和市场经济前景。德国 HUF 木构建筑体系为我们提供了很好的参考案例，这种建筑体系的已经小规模引入了中国，这对我们学习其先进经验，探索中国现代木构建筑的发展提供了很好的机会。

HUF 木构建筑体系继承了欧洲现代建筑理性、简洁的设计风格，短时间内为中国普通阶层接受尚有一定难度。但静心思考一下，几年前大江南北风行一时的粗俗烦琐、厚重封闭的假古典风格的建筑还盛行一时，事隔不久中国主流的建筑风格已转向现代、简洁与较为精细的新古典建筑风格，并且越来越多的知名开发企业开始探索新中式、具有东方美学建筑风格的作品。可以预言，随着经济水平和审美要求的提高，简洁自然、通透轻盈、具有地方文化与现代精致工艺美感的建筑必将成为中国建筑的发展方向。

图 27 图森林中的现代木屋 照片来源：德国 HUF 公司，卢求拍摄

新能源汽车与城市建设及智慧解决系统

文：德国可持续建筑委员会（DGNB）国际部董事
　　5+1 洲联集团 · 五合国际 副总经理 卢求

新能源汽车的发展与城市建设密切相关

中国目前在国际社会上面临着巨大的节能减排压力。国家节能减排战略分为三个方面，分别是：工业减排、交通减排以及建筑减排。新能源汽车的应用对于交通节能减排，特别是降低城市污染排放、改善城市空气质量有突出作用。 新能源汽车与城市基础设施建设有着密切的关系，其影响表现在充电设施建设及城市电力系统方面，包括社区内、私家停车位充电设施；写字楼、购物中心、酒店等大型公共建筑内以及城市道路、高速公路沿线充电设施的规划建设；未来大规模、大容量蓄电池的应用对城市电网、能源结构的影响。

新能源汽车与建筑节能减排

在西方发达国家，特别是在德国，节能减排的决心和力度巨大，效果也非常明显。法律对于减排有着相当严格的规定。如德国气候保护相关政策法规要求到 2020 年德国温室气体排放量相比

1990 年要减少 40%，可再生能源在发电量占比要在 2020 年达到 35%，2050 年更要达到 80%。德国 2013《节能法》（EnEG）规定 2021 年起新建建筑要达到"近零能耗建筑"、2050 年所有存量建筑成为近零能耗建筑。德国新推出的战略发展方向是"产能建筑"，这与新能源电动汽车有着直接的关系。

现代城市规划、建设的重要目标之一就是满足人类舒适居住与便捷出行的需求，通常这两项都消耗能源并产生碳排放，成为城市污染的重要来源。"产能建筑"是通过精细化设计，整合各类技术系统，使建筑自身运行能耗大大降低，通过建筑上的太阳能发电设施，其发电量不仅可以满足建筑需求，还能够为电动汽车充电。 德国已经建设了一批这样的项目，例如 2011 年在斯图加特附近落成的 Fisch 独立住宅，不仅可以满足自身采暖、空调、照明、新风等需求，还能为两辆电动汽车

充电，每辆车每年的行驶距离能够达到 3 万公里以上，完全可以满足全家人出行的需求。这是一个非常很有前景的方向：整合先进的建筑及汽车的节能技术，达到居住和出行的零排放，从而大大改善人类的居住环境，走上可持续发展的道路。

新能源汽车与城市智能电网

德国计划到 2020 电动汽车拥有量达到 100 万辆。中国政府推动新能源汽车的决心似乎更大。世界各国都清楚，谁先成功发展电动汽车产业，谁就将占领未来市场先机，这关系到巨大的经济利益和大量就业岗位。未来 10 年时间里中国电动汽车保有量或将达到数百万辆。这样的大规模电动汽车使用，除了通过充电补充能源之外，还可通过更换电池为电动车提供能源。汽车制造厂商或电池制造厂商为电动汽车的使用者提供的不是充电服务，而是更换电池的服务，储备可更换的大量电池，这是一种比充电更为便利和更具吸引力的方式。在中国发达地区，电网的压力非常巨大。白天高峰期电价很贵，低谷期电价相对便宜，电池充电可以利用夜间低谷电价。大量的充满电量的电动汽车蓄电池，形成分散式能源系统，可在必要时为家庭用电设施提供能源，可在电网用电高峰期间将电量返还给电网，这不仅增加了电网的稳定性，而且可以节省电网为了应对电动车的发展而不得不扩充电网容量的投资。

新能源汽车与智能充电设施

目前电动汽车续航距离短、充电时间长，是限制新能源汽车发展的主要障碍。充电桩初期投入比较大，运营维护成本高，鲜有机构愿意投资建设。中国幅员辽阔，如果形成大型企业垄断行业，缺少活力，思路和技术未必能满足需求，国家应出台相关政策鼓励竞争，特别是中小企业，如果新兴企业加入这个领域，利用其他的风险投资支持形式，一旦有好的商业模式和好的技术体系让企业获得更高的回报，民间的资本将进入这个行业并快速发展。

德国柏林一家小企业研究成功一种技术体系，可将城市路灯改装成电动汽车充电桩，大大降低城

图 1~ 图 3 德国 斯图加特 Fisch 产能别墅

市公共充电设施的建设和维护成本，其核心是包含 SIM 卡智能车载充电插座，插座能够提供电动汽车充电所需要的电流、电压、熔断器、接地、漏电保护等功能，通过手机无线信号向电力公司发送数据，完成充电所需的识别、授权、计费、结算功能。相比传统充电桩，降低 90% 的成本，且没有现场维护费用。这套系统还可用于居住区、写字楼、商场等的停车场，充电设施建设费用可大大降低。可以预计，未来中国也会开发出类似智慧充电解决方案。

城市开发项目如何应对新能源汽车增长的需求

由于目前中国电动汽车充电桩建设一次性投资较高，投资回收期长，因此在国内城市大型居住区、商业综合体、写字楼等项目开发建设中，近期可以暂不考虑投资建设大量电动汽车充电桩。但需要考虑未来电动汽车充电的需求，应该在规划设计中考虑相应的电网容量和变压器容量及停车场充电线路规划，其成本增量可以控制在合理范围之内。未来因为能够提供电动汽车充电服务，物业本身价值肯定提升，物业所有者也能从中获得持久收益。如果前期没考虑，后期改装，大面积增加充电设施，则可能遇到电力设施的瓶颈限制，无法实施。

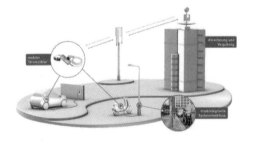

图 4~ 图 6 德国电动汽车智能充电插座技术系统

新能源汽车与智慧家居系统

智慧网络技术可以为人类生活提供更加舒适环保的解决方案。目前德国在智慧网络方面的研究包括可融入天气预报大数据、会学习的、个性化智慧楼宇技术，使住房始终保持主人喜欢的室内舒适环境之中，而整栋建筑不需要外界提供任何能源；将单个建造的产能建筑、电汽车蓄电池系统网络化连接，并入智能电网，更加高效地利用能源。德国气候寒冷，汽车内部包括座椅和方向盘等配件都是可以电加热的。智能电网可在最低电价的时候自动对这些设施进行充电并完成预加热，使汽车始终处于主人喜欢的舒适环境之中，且通过自家住宅屋顶的光伏发电充电，不需要外界提供任何能源。自动定位、驾驶技术，能使汽车驾驶更加轻松，能够避开拥堵路段、自动寻找最近的公共充电设施，而所充电能也来源于自家屋顶产生并入网的电源。在上述情境中，人们能够享受居住、出行的舒适，完全依靠可再生能源，不产生任何温室气体排放。这一切已不是梦想，而是已经形成完整的工业解决方案。

2014 年在德国斯图加特落成的 B10 是全球首座"主动式"住宅——具有自学能力的智能家居系统产能建筑。B10"主动式"住宅的创新核心是安装了一套可预测用户需求并可自学习的能源管理系统。此套系统与住宅内所有的智能系统连接，包括：储能装置、热泵、供暖系统、照明系

图 7~ 图 9 德国斯图加特 B10 全球首座"主动式"住宅

统、炉灶以及两辆奔驰电动汽车和两辆电动自行车。通过与电动交通工具以及室内控制系统的连接，系统可将未来的日常生活打造得更加舒适，如果主人匆忙之间离开住宅，系统可以自动关闭所有门窗以及炉灶。同时，在离家的期间，将室内能耗降至最低水平。而当主人开着电动汽车靠近 B10"主动式"住宅时，大门自动打开，室内的照明和温度则被相应调节到主人最喜欢的模式。系统根据使用者的日常活动、天气信息、个性化设定，有效地预测用户对住宅舒适性及移动性上的需求，并且持续自学习。

智慧网络技术，包括移动互联网大数据整合、智能汽车、智能建筑技术的发展，将为改善人类生活空间环境提供全新技术支持，这其中也孕育着巨大的商业发展空间。

5+1
洲联
WWW5A®

绿色城市综合服务商

融资策划　　规划设计　　绿色技术

五合智库　　五合国际　　洲联绿建
WISENOVA　　WERKHART　　WERKHART SUSTAINABLE

洲联集团（WWW5A）是一家提供绿色城市综合服务的著名跨国机构，深耕中国房地产十余年来，凭借对房地产市场的深入研究，具备专业地产金融研究策划咨询的前瞻视角。在规划设计方面，集团也积累了大量的市场经验，特别在规划、酒店、商业、产业、豪宅及高科技生态节能设计等方面独具专长。同时，洲联集团致力于引领行业节能减排，持续推进绿色低碳建筑理念与技术的推广研发与工程实践。如今集团已发展成为融资策划、规划设计、绿色技术为一体，为城市开发和地产行业提供全产业链的技术与顾问的综合服务机构。

扫描二维码

微信服务号平台
zhoulianjituan5a

微信订阅号平台
zhoulian5a

官方微博
http://weibo.com/zhoulian2011